黄山—太平湖及其周边地区地质认识实习教程

李双应　谢建成　徐利强　编著

科学出版社
北　京

内 容 简 介

本书分为两部分，第一部分重点介绍了野外地质实习的一般要求和任务，野外工作的基本方法，岩石学、构造和地貌的基本知识，以及黄山—太平湖及其周边地区自然地理及经济概况和区域地质特征；第二部分重点介绍了地质观察路线和内容，主要包括新元古代—中生代地层剖面、褶皱和断裂、冰川沉积、丹霞地貌、花岗岩及其地貌、海底扇沉积、蛇绿岩套和滑坡等。

本书可供地质学、资源勘查工程、勘查技术与工程、地理信息系统等专业本科一年级学生地质实习使用，也可供地理学、地质工程等其他相关专业使用。

图书在版编目(CIP)数据

黄山—太平湖及其周边地区地质认识实习教程／李双应，谢建成，徐利强编著．—北京：科学出版社，2015．1

ISBN 978-7-03-042560-7

Ⅰ．①黄… Ⅱ．①李… ②谢… ③徐… Ⅲ．①区域地质-黄山市-教育实习-高等学校-教材 Ⅳ．P562．543-45

中国版本图书馆 CIP 数据核字（2014）第 268414 号

责任编辑：文 杨／责任校对：赵桂芬

责任印制：肖 兴／封面设计：迷底书装

科学出版社 出版

北京东黄城根北街 16 号

邮政编码：100717

http://www.sciencep.com

新科印刷有限公司 印刷

科学出版社发行 各地新华书店经销

*

2015 年 1 月第 一 版 开本：720×1000 1/16

2015 年 1 月第一次印刷 印张：8 1/4 插页：4

字数：220 000

定价：30.00 元

（如有印装质量问题，我社负责调换）

前　言

近半个世纪以来，随着板块构造理论的出现，地球科学得到了迅猛的发展。特别是近20年来，地球系统科学开始兴起，人们强调从整体出发，将地球的大气圈、水圈、土壤圈、岩石圈和生物圈看作一个有机联系的地球系统，该系统中各种时间尺度的全球变化是地球系统各圈层相互作用的结果。人类开始探索地球系统演变机理，进行现象描述、采集记录、追踪过程、探索机理。伴随着地球科学的发展，对于地质实习基地的要求也在不断提高。因此，选择既能满足传统地球科学专业要求，又能够反映现代地球科学理念、具有典型现象的地区作为地质认识实习基地非常必要。

黄山—太平湖及其周边地区，位于安徽省南部，这里地层剖面经典、古生物化石丰富、构造形迹典型、地质景观多样，如休宁蓝田南华系—震旦系地层剖面、宁国富含笔石化石的奥陶系地层剖面、泾县昌桥石炭系—三叠系地层剖面、黄山花岗岩及其地貌、齐云山丹霞地貌以及白垩系地层等，这些能够符合传统的地质学认识实习要求。而且，区内发育新元古代的洋底火山岩、海底扇和全球冰川沉积记录，以及白垩纪恐龙化石（遗迹）、喀斯特地貌等，反映地球系统科学内容的地质现象丰富而又独特。此外，该区人文历史淀积深厚，如全国四大佛教圣地之一的九华山，全国四大道教圣地之一的齐云山，国家历史文化名城歙县，全国著名的明清古建筑群落黟县西递和宏村等，具备多元而又生动的素质教育资源。

实习区内交通便捷，区内有黄山机场、芜湖机场、九华山机场，北京—福州高铁、长江沿江高铁纵横，长江沿江高速、合肥—铜陵—黄山高速、黄山—杭州—景德镇高速等交错，便利的交通为区内所有地质露头和剖面的观察提供了快捷的便利条件。

野外地质工作的主要目的是观察和收集岩石和尚未固结的沉积物的资料，这将会使人们深入理解已经发生在地质历史中的物理作用、化学作用和生物作用。野外地质工作过程中，虽然资料的解释、分辨率以及许多装备都已经得到了很大的提升，但是许多主要的基本观察几百年来一直在使用。野外地质工作包括仔细的观察和测量、样品采集和精确的记录。因此，我们以黄山—太平湖及其周边地区作为地质认识实习基地，根据合肥工业大学地质专业野外地质实习大纲要求编写这本地质认识实习教程，以便指导该专业低年级学生，如何使用罗盘和GPS，如何观察、描述地质现象，如何进行记录和采集样品等。

本书分为六章。第1章绪言，介绍实习一般要求和任务；第2章野外工作基本方法，包括野外工作的风险、出发前的准备、地形图的应用、罗盘和GPS的使用、岩层厚度和距离的测量、如何进行野外记录和草绘各种图件、如何编写实习报告；第3章地层、岩石和构造的基本知识，阐述了三大岩的分类、主要造岩矿物特征、岩石的结构构造、野外鉴别方法等。介绍了构造的主要类型、野外如何辨别和测量构造要素，以及地貌的野外工作方法；第4章介绍了实习区自然地理及经济概况，包括自然地理概况、交通、经济、人文、旅游资源等；第5章区域地质特征，简单地总结了实习区的地层、岩浆岩、变质作用和变质岩、构造、矿产资源、地质环境及地质灾害；第6章观察路线和内容，详细描述了10条比较典型的实习路线，包括剖面的位置、主要观察内容、观察点等。

本书由李双应教授、谢建成副教授和徐利强副教授编写，谢成龙副教授提供GPS使用方法。书中引用了诸多学者的研究成果和资料。在编写过程中，得到了合肥工业大学教务部、资源与环境工程学院教师和学生的支持与帮助。本书出版得到了教育部“卓越工程师教育培养计划”、“专业综合改革试点”项目的资助，以及国家自然科学基金项目的支持。在此，表示诚挚谢意。

本书是第一次编写，不足之处在所难免，欢迎教师和学生在使用本书的过程中提出修改意见，使其不断完善。

李双应

2014年8月1日

目　　录

第1章　绪　　言

1.1　实习目的和任务

黄山—太平湖及其周边地区地质认识实习，是为配合一年级本科生在完成“地球科学概论”、“普通地质学”、“地质学基础”课程之后，进行实践性教学而设立。通过实习，学生能够初步掌握野外工作的要求和方法；能够增强感性认识，加深对课堂知识的理解，初步了解地质学的思维方法；能够认识地球各个圈层之间是相互关联的，人类活动对地球和环境的影响；能够提升学生的体能，培养学生的自强和自立精神，树立起热爱地球并为改善人类生存环境、为可持续发展而努力的信念。

实习任务是：获得地球各圈层运动造成的地质、地貌、生态环境等方面常见现象的感性认识；学习最基本的野外工作方法；培养学生野外观察地质现象和分析问题的能力；培养学生的团队精神和独立思考等科学素质；增加对地球科学工作的了解。

1.2　实习内容和要求

一年级本科生的地质认识实习，在实习内容的选择和安排上要适当，尽量做到简单而又典型，趣味性和观赏性强，要寓教于游、寓教于乐，以完成实践教学任务并取得优秀的教学效果。实习内容主要包括：

（1）学习地形图、罗盘、GPS和数码相机的使用方法；

（2）学习如何正确的观察、描述和记录野外地质现象，如何规范地绘制简单的地质图件和编写实习报告；

（3）观察表层（包括风化作用、地面流水、地下水、海洋等）及内部（包括岩浆作用、变质作用和构造运动）地质作用的现象或产物，包括地层接触关系，褶皱、断裂、节理等构造形迹；

（4）掌握岩浆岩、沉积岩和变质岩三大岩类的野外基本鉴定方法；

（5）初步了解水资源、矿产资源和旅游资源等的开发利用情况，以及人类活动对环境的影响。

为保证实习的顺利进行，结合本地区实际情况，希望参加实习的同学遵循以下规定或要求：

（1）认真复习《普通地质学》，认真阅读本书，每天出队前预习野外实习的相关内容，带好 GPS、地质锤、罗盘、放大镜、野外记录本等实习用品。

(2) 在野外考察过程中认真听讲，仔细观察地质现象，勤于思考，认真、工整地做好野外记录。

(3) 必须按时参加野外实习，如有特殊情况必须向指导老师请假，经同意后方可休息。

(4) 野外工作必须穿着合适的服装和鞋子，禁止穿凉鞋、高跟鞋、短裤、裙子。野外工作和乘车途中，注意人身安全。在上、下山途中，不要推搡和打闹，不得随意单独行动。

(5) 野外工作时，严禁损坏庄稼、树木，严禁破坏环境。部分观察点在风景区内时，采集标本需要征求管理者的同意，不要随意敲打，不要对文物、景观造成损坏。

(6) 严守国家机密，保管好地形图、野外记录本，不得复制、损坏或丢失，妥善保管好 GPS、罗盘等装备，出现问题及时向指导教师以及带队教师报告。

(7) 遵守驻地单位的有关规章制度，离开驻地必须向指导教师请假，晚上不得私自外出不归。

(8) 注意文明礼貌，在公共场合不要大声喧哗。

1.3 实习时间安排

根据学校教学计划，地质认识实习一般在 7 月上旬开始，时间为 2 ~ 3 周。具体时间安排为：准备工作 1 天，野外观察 7 ~ 10 天，整理资料和编写报告 3 ~ 5 天，汇报和总结工作 1 天。

1.4 实习观察路线

实习指导教师可以根据实际情况，从实习教程提供的观察路线中选择若干条。无特殊情况，一般不应少于 6 条观察路线。

1.5 组 织 领 导

成立实习队，指定一名资深教师担任领队，一名教师担任副领队，负责整个实习的日程计划、路线选择、食宿和交通安排、实习报告评阅等。

每个班分为 5 ~ 6 个小组，每个小组选举 1 名组长，协调同学管理各自的学习、生活、纪律、安全等问题。每 2 ~ 3 个小组由一名教师负责野外实习指导，解答和协调同学的学习和生活问题。

1.6 实习成绩评定

实习成绩的评定应综合考虑学生的学习态度、分析实际问题的能力、遵守纪律的情况及所编写的实习报告的质量。实习总成绩应包括平时成绩、野外记录本成绩和实习报告成绩三部分。

平时成绩包括学生在野外工作的态度、产状测量评分、遵守纪律的情况等。

野外记录本成绩，包括记录的规范程度、记录内容是否完全、素描图是否符合要求等。

实习报告成绩应考虑资料选用、章节安排、内容取舍是否合适，论述是否有理有据，专业术语是否规范，图件内容、要素是否齐全，文笔是否通顺等。

实习总成绩采用5级制：优秀、良好、中等、及格和不及格。

1.7 实习地点

实习地区为安徽南部的黄山—太平湖及其周边地区（图1.1），它属于华南地层

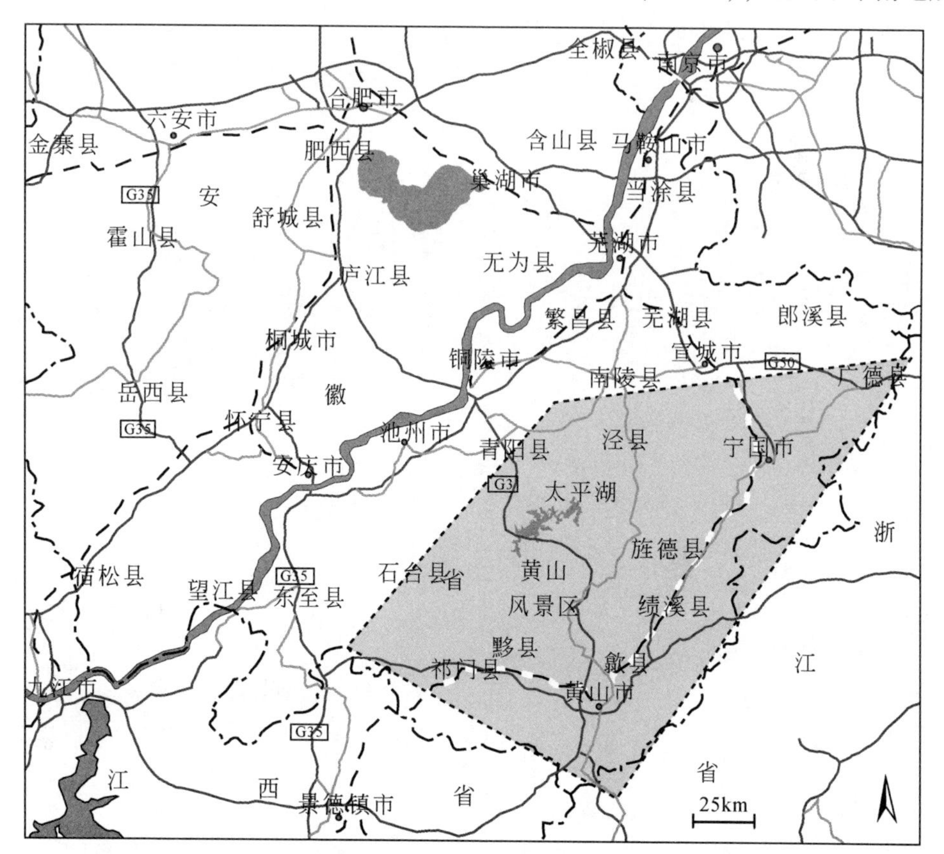

图1.1 实习区交通位置图（图中虚线圈定了实习区的基本范围）

大区的扬子地层区，发育（中）新元古代—第四纪地层，有海相碎屑岩、碳酸盐岩以及陆相碎屑岩；区内岩浆岩分布广泛，主要为中生代的侵入岩，它们形成了黄山、九华山等全国著名的旅游胜地。该区属于扬子陆块，包括江南造山带和下扬子前陆带，地质构造复杂，经历了多期次构造运动，中生代构造活动是区内发生较晚但是最强烈的构造活动，塑造了该区今天的构造格局。该区是全国著名的旅游景区群集地，包括黄山、太平湖、九华山、齐云山、歙县、西递、宏村等景区，其中黄山是国家和世界地质公园。该区地质现象精彩纷呈，自然风光逶迤无限，人文历史璀璨辉煌，是地质考察和旅游结伴，专业知识和素质相长，地质认识实习基地的最佳选择之一。

第2章　野外工作基本方法

2.1　野外工作一般性指导

野外工作应该是一个安全、愉快和非常有益的经历，但需要一些基本的和合理的预防措施。地质野外考察常常涉及一些存在危险的地区，如在山区、采石场、矿山、河段、海岸带等地。任何季节都可能遇到恶劣天气条件，特别是在山区或海岸。野外工作涉及个体或者群体应对危险以及自力更生的能力，每个人对自己以及群体的野外安全负有责任，因此，为了避免问题、尽量减少风险，每个人需要掌握一些简单的预防措施：

（1）要穿合适的服装和鞋以适应可能遇到的天气和地形。在每天外出之前，要了解该地区的天气预报。如果天气恶化，应及时返回驻地。鞋对野外工作至关重要，运动鞋不适合山区和丘陵地带，通常要选择登山鞋。

（2）认真计划工作，依据个人的经验和教训、地形和天气基本情况。千万不要高估可以实现的目标。在出发之前留下便条，最好是能显示预计研究的位置和路线的地图，以及返回的时间。

（3）遇到紧急情况知道如何应对（例如事故、疾病、恶劣的天气等），拨打120或者110。在任何时候都带着小急救包，包括一些应急食品（如巧克力、饼干、薄荷饼、片剂葡萄糖等）、生存袋（或大型塑料袋）、哨子、手电筒、地图、指南针和手表。

（4）在行进途中，不要相互推搡，特别是在上山和下山途中，这是非常危险的动作，可能会殃及自己和他人的生命安全。

（5）当在采石场、悬崖、碎石斜坡或在任何可能有物体下落的地方观察时，必须戴上安全头盔。当考察正在工作的采石场、矿山或建筑工地，要征求指导教师意见，并获得现场管理者的许可。在可能的情况下，不要使用地质锤锤击，做一个环保主义者。戴安全的护目镜（或安全塑料镜片眼镜），以防止用地质锤锤打岩石或使用凿子形成的飞行碎片的伤害。不要把一个地质锤作为凿子和与另一个地质锤相锤；避免在另一个人附近锤击或看着另一个正在锤击的人。不要在路面或路边留下岩石碎片。

（6）避免触碰采石场、矿山或建筑工地的任何机械或设备。遵守安全规则、爆炸预警程序，以及任何现场给出的其他指示。

（7）靠近悬崖的边缘和采石场陡峭的地方，或垂直的采掘面时要特别小心，特别是在有强风时，确保头顶上方的岩石是安全的。采石场与岩面松动的地方特别危险，避免在不稳定的威胁下工作，远离陡坡上松动的岩石，不要直接在其他人上面或下面的地方走动，切勿因为娱乐从峭壁斜坡滚下岩石，不要从陡峭的山坡上向下跑。

（8）如果正在采集标本，请不要掠夺或破坏地点，尤其是化石和罕见的矿物、岩石出现的地点，只需要采集进一步的工作所必需的样品。

（9）不要进入老矿坑或洞穴，除非个人经验丰富并且有适当的装备。谨防发生在红土峭壁和黏土坑，或任何地质悬崖的滑坡和泥石流。不要攀登悬崖，除非得到指导教师的许可。

（10）当观察路边剖面时，要注意道路交通安全。铁路和高速公路剖面，一般不对地质专业的师生开放，除非已获得有关当局特别批准。

（11）当在岩岸上高水位下的较滑岩石上行走或攀爬时，要十分小心，以免发生意外事件。

（12）在考察途中，不要留下任何垃圾，不要损坏庄稼和花草树木，不要大声喧哗，时刻注意保护环境，避免影响他人。

2.2　出发前的准备

（1）收集资料，包括地形图、地质图、交通图等图件。

（2）制订计划，安排日程、食宿、交通工具等。

（3）准备好野外实习装备。个人野外工作装备包括地质锤、罗盘、放大镜、记录本、2H 铅笔、记号笔、小刀、钢卷尺，以及帐篷、背包、登山鞋、雨具等。每个小组配备 1 套地形图、1 台 GPS 定位仪和必备的药品等。

（4）召开实习动员大会，明确实习目的、任务、要求，宣布实习期间的纪律和注意事项。

（5）认真阅读实习地区的地质资料和图件，以便熟悉实习区的基本情况和地质特征。

2.3　地形图的应用

2.3.1　读 地 形 图

地形图是表示地形地物的平面图件，它是地质工作者的重要图件，也是野外工作必备的资料。阅读地形图是为了了解、熟悉工作区的地形及地理情况，以便制订出适合该地区野外地质工作的计划，在相同时间内取得最好的工作效果。

阅读地形图一般原则是先图外，后图内，步骤如下：

（1）读图名：图名位于图幅的正上方，通常是图内最重要的地名来表示。

（2）了解比例尺：根据比例尺可以了解图幅的面积大小、地形图的精度及等高距，比例尺一般用数字或线条表示。

（3）图幅位置：从图框上所标注的经纬度和图幅编号可以了解地形图的地理位置，在图幅右下角或左上角标有接图表，表示与相邻地形图的位置关系。

（4）读磁偏角：在不同地区具有不同的磁偏角，在开始野外工作之前，首先要校正罗盘的磁偏角，以便使罗盘测出的方位与实际方位一致。黄山地区的磁偏角是西偏 3°31′。

（5）读图例：图例一般标在图框的右侧，用不同的符号以及不同的颜色表示图中的不同地物或特殊标志物。

（6）了解绘图时间：一般标在图框外的右下角，通常情况下，成图的时间越晚，图的精度越高。

（7）读图框内的内容：了解地形特征、河流、湖泊、村庄、公路的分布情况及一些特殊的建筑设施等。在地形图上判断地形的基本方法是：一组从四周向中间逐渐升高的等高线表示高地，最高处为山顶；一组从四周向中间逐渐降低的等高线表示洼地；从山顶向外突出的尖端指向低处的一组“V”字形等高线表示山脊，两条山脊之间的尖端指向高处的一组“V”字形等高线表示山谷；等高线稀疏的地方坡度小，等高线密集的地方坡度大，几条等高线并为一条等高线的地方是直立的峭壁，两个高地之间同时又是两条山谷源头的地方称为鞍部（图 2.1）。

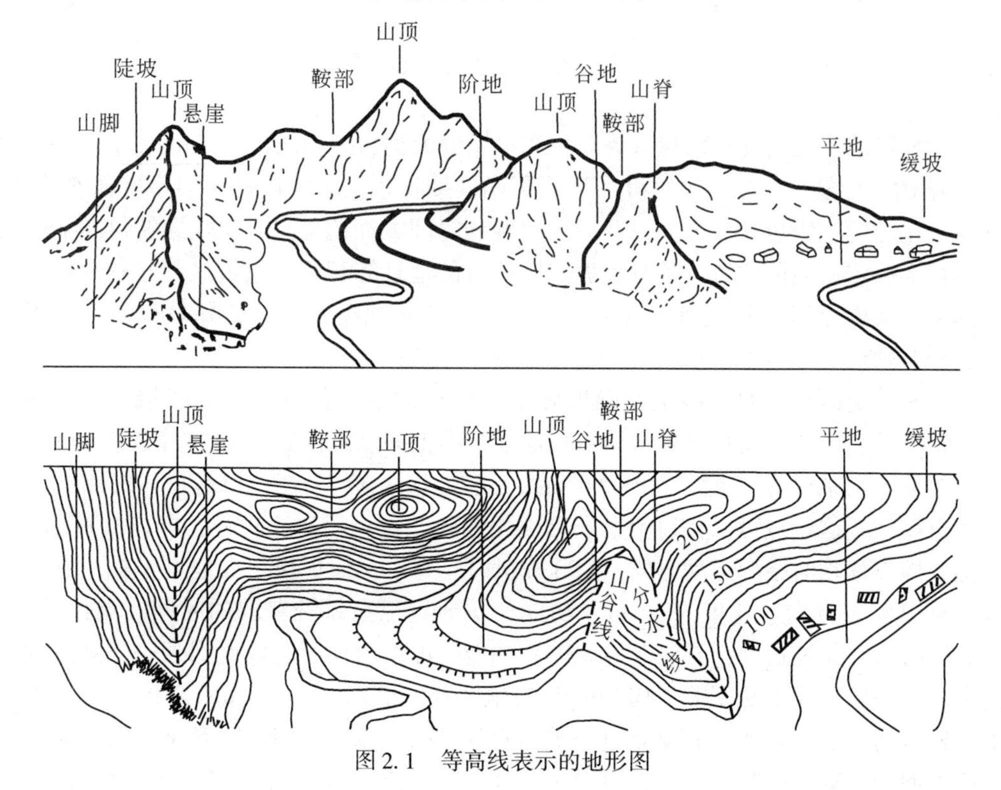

图 2.1　等高线表示的地形图

2.3.2　地形图的应用

地形图在野外地质工作中主要起到以下几方面的作用：

（1）布置观察路线：在选择地质观察路线时，既要考虑到地质内容，也要考虑到地形情况。尽量选择地质露头好、便于步行方便观察的路线。

（2）在地形图上定观察点（地物法或后交汇法）：在野外观察地质现象时，为了便于自己或他人的检查以及与野外记录相对应，必须把观察点的位置在地形图上标出(即定点)。这是野外最基本、最重要的工作。根据罗盘交汇法测得的点或GPS测得的点，再结合地形地物的判断，便可以标出观察点在地形图上的位置。

（3）利用地形图制作地形剖面图。

（4）以地形图为底图绘制地质图。

2.4　GPS的使用

全球定位系统（Global Positioning System，简称GPS）。它是由空间卫星、地面监控和用户接收等三大部分组成。

2.4.1　GPS分类及功能

GPS终端系统按使用领域分为军用和民用两大类，按功能特点又可以分为GPS接收机和GPS导航仪。GPS接收机主要是靠GPS接收芯片来接收GPS卫星发送的数据，计算出用户的三维位置、方向以及运动速度和时间方面的信息。GPS导航仪是能够帮助用户准确定位当前位置，并且根据既定的目的地计算行程，通过地图显示和语音提示两种方式引导用户行至目的地的仪器。导航仪必须配合一定的硬件设备、电子地图、导航软件，才可以实现路线规划、查询、导航等功能。

GPS系统最基本的功能是精确地确定目标点的坐标位置，并提供相应的调度信息，常见的功能有：路标（way point）功能，即把某点的位置（英文叫PosionFix，包括一个点的三维坐标）记入GPS的内存；路线（route）功能，由起点、终点和若干中间点组成，这些点可以在地图上查出预先输入，也可以边走边记；方向（heading）功能，即在运动时指明运动方向，GPS开机时，每1～2s更新一次地点坐标，它可依此计算出前进方向；速度（speed）功能，即通过卫星系统获取的时间、点位信息，计算实时的距离和速度；导向（bearing）功能，即给出你所在地点到某一路标点的前进方向，一般是显示从正北方向顺时针的角度数；追踪（plot trail）功能，即以一定的采样时间间隔（可调）记载运动轨迹，这项功能在没有地图或明确路线以及需要按原路返回的行动中极为有用；计算机上（下）载数据功能，即通过专用连线与软件，

GPS可与计算机连接，可在计算机上安排、分析路线，在GPS间交换数据；地图功能(对高档GPS而言，可存储一定区域的地图)，即在显示位置数据的同时，直观地显示你在地图上的位置。

2.4.2　Garmin eTrex 接收机

实习中常用的GPS接收机是Garmin eTrex系列。

1. 简介

Garmin eTrex系列接收机是美国Garmin公司出品的民用GPS接收机。

该GPS具备12通道，高灵敏度GPS接收芯片，可以接收差分信号。其接口为NMEA0183/RTCM104，采用内置天线，定位精度为水平方向15 m、垂直方向30 m，差分定位精度为1～3 m，定位时间为热启动15 s、冷启动45 s，刷新速度为每秒一次。

Garmin eTrex H GPS接收机如图2.2，各按键功能如下。

翻页键：①按动此键将循环显示各个主页面；②从某种操作中退出到主页面。

电源键：①持续按住此键将开机或关机；②短时间按下此键将打开或关闭背景光。

上、下键：①在各页面或菜单中，上下移动光标；②在卫星状态页面中，调节屏幕显示对比度；③在航迹导航页面中，放大或缩小比例尺；④在罗盘导航页面中，查看各种数据。

输入键：①激活光标所在选项；②确认菜单选项；③在可以进行输入操作的地方输入数据。

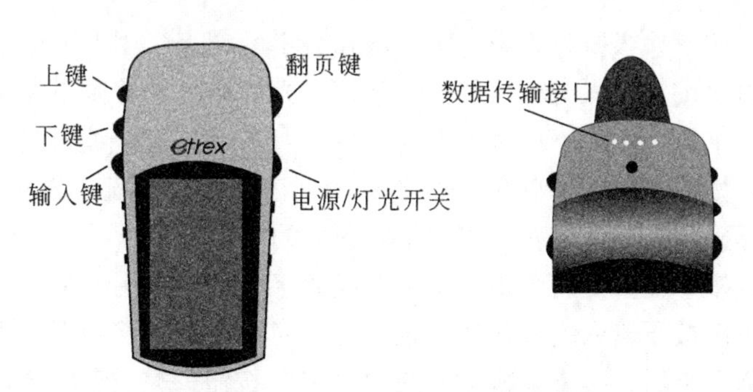

图2.2　Garmin eTrex H 外观及按键

2. 基本操作

实习目的之一是获取野外工作点的点位坐标，因此这里仅介绍该机型有关航点方面的操作，关于航线、航迹和GPS设置方面的操作，在此不再赘述。

在室外开阔地点，持续按电源键至开机，进入卫星状态页面（图2.3），显示接收机

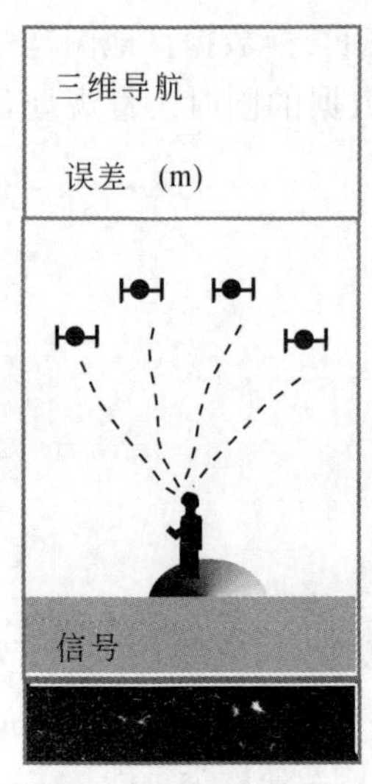

图 2.3 卫星状态页面

状态、卫星状态和信号强度。接受到足够多的卫星信号时给出该点的经纬度和海拔高度。默认的坐标系统为 WGS84。可转换为北京 54 或西安 80 坐标系统。

1）存储航点

有两种方法可以存储航点。

（1）连续按翻页键直到显示“功能菜单页面”；用上下键将光标移动到“存点”的功能选项上；按下输入键将进入“存点页面”；再次按下输入键后，就可以将当前位置存储为航点。

（2）在任意页面中，按住输入键两秒钟，将直接进入存点页面；再次按下输入键，即可完成存储操作。

2）查看航点

按翻页键直到显示“功能菜单页面”；用上下键将光标移动到“航点”的功能选项上；按下输入键进入“航点页面”，页面左边是按照航点名称的首字母排列的列表；按上下键移动光标，直到要查看航点出现；按输入键使光标跳转到右侧的航点列表；按上下键将光标移动到要查看的航点名称上；再次按下输入键，将显示出该航点的信息页面。

若需要在某一步骤退出，连续按下翻页键就可以逐步退出。

3）编辑航点

按照上述“查看航点”的方法，显示要编辑航点的信息页面；按上下键将光标移动到要编辑的区域，按下输入键后就可以进行编辑，可编辑的项目有名称、图标和坐标。

编辑名称：按下输入键将弹出一个字母和数字的列表，用上下键来选择要使用的字母或数字，再次按下输入键确认使用该字符，光标将自动移到下一个字符上。按照此方法输入全部字符后，按下屏幕下方的“确定”按钮，完成编辑名称的操作。

编辑图标：按下输入键将弹出一个图标的列表，用上下键来选择要使用的图标，再次按下输入键确认使用该图标，完成编辑图标的操作。

编辑坐标：按下输入键将弹出一个字母或数字的列表，用上下键来选择要使用的字母或数字，再次按下输入键确认使用该字符，光标将自动移到下一个字符上。按照此方法输入全部字符后，按下屏幕下方的“确定”按钮，完成编辑名称的操作。

4）删除航点

按照上面“查看航点”的方法，显示要编辑航点的信息页面；按上下键选择“删除”按钮；按下输入键，机器将询问是否确认删除，选择“是”将删除该航点，选择“否”将取消删除的操作。

5）在地图上显示航点或使用航点导航

按照上面“查看航点”的方法，显示要编辑航点的信息页面；按上下键选择“地图”或“去”按钮；按下输入键，将在地图上显示该航点，或使用该航点导航。

6）显示距离当前位置最近的 9 个航点

按翻页键直到显示“功能菜单页面”；用上下键将光标移动到“航点”的功能选项上；按下输入键进入“航点页面”，里面显示的是按名称排列的航点列表；用上下键将光标移动到屏幕下方“最近点”按钮上；按下输入键，接收机将会把距离当前最近的 9 个航点显示出来。

7）删除所有航点

按翻页键直到显示“功能菜单页面”；用上下键将光标移动到“航点”的功能选项上；按下输入键进入“航点页面”；用上下键将光标移动到“全删除”按钮上；按下输入键，接收机将询问是否确认要删除所有航点；用上下键选择“是”，再次按下输入键将删除所有航点。

3. GPS 使用注意事项

（1）GPS 不得摔碰、撞击、浸水。

（2）GPS 需要与卫星建立联系后才能定位，每次读取数据前一定保证信号搜索完毕（卫星状态页面下方的进度条完全变黑）才能进行读数，否则将显示上一次的存点信息。

（3）GPS 能够显示不同格式的坐标，使用前请确定坐标格式是否符合要求。

（4）GPS 设备比较耗电，每次使用后应及时关掉，以保证野外能够正常、持续使用。

2.4.3　GPS 的坐标系统及坐标系转换

1. 基本概念

（1）地形图坐标系：我国的地形图采用高斯-克吕格平面直角坐标系。在该坐标系中，横轴：赤道，用 X 表示；纵轴：中央经线，用 Y 表示；坐标原点：中央经线与赤道的交点，用 O 表示。赤道以南为负，以北为正；中央经线以东为正，以西为负。我国位于北半球，故纵坐标均为正值，但为避免中央经度线以西为负值的情况，将坐标纵轴西移 500 km。

（2）北京 54 坐标系：1954 年我国在北京设立了大地坐标原点，采用克拉索夫斯基椭球体，依此计算出来的各大地控制点的坐标，称为北京 54 坐标系。

（3）WGS84 坐标系：即世界通用的经纬度坐标系。

（4）6 度带、3 度带、中央经线。

我国采用 6 度分带和 3 度分带：1∶2.5 万及 1∶5 万的地形图采用 6°分带投影，即经差为 6°，从零度子午线开始，自西向东每个经差 6°为一投影带，全球共分 60 个带，用 1，2，3，4，5，……表示。即东经 0～6°为第一带，其中央经线的经度为东经

3°，东经6～12°为第二带，其中央经线的经度为9°。安徽省位于东经113°～东经120°之间，跨第19带和20带，其中东经114°以西位于第19带，其中央经线为东经111°。1∶1万的地形图采用3°分带，从东经1.5°的经线开始，每隔3°为一带，用1，2，3，……表示，全球共划分120个投影带，即东经1.5°～4.5°为第1带，其中央经线的经度为东经3°，东经4.5°～7.5°为第2带，其中央经线的经度为东经6°。安徽省位于东经113°～东经120°之间，跨第38、39、40共计3个带，其中东经115.5°以西为第38带，其中央经线为东经114°；东经115.5°～118.5°为39带，其中央经线为东经117°；东经118.5°以东到山海关为40带，其中央经线为东经120°。

地形图上公里网横坐标前2位就是带号，例如：安徽省1∶5万地形图上的横坐标为20345486，其中20即为带号，345486为横坐标值。

2. 当地中央经线经度的计算

六度带中央经线经度的计算：当地中央经线经度=6°×当地带号-3°，例如：地形图上的横坐标为20345，其所处的六度带的中央经线经度为：6°×20-3°=117°（适用于1∶2.5万和1∶5万地形图）。

三度带中央经线经度的计算：中央经线经度=3°×当地带号（适用于1∶1万地形图）。

GPS320/315的说明书上列举的中央经线的计算方法有误，在使用时要注意防止误导。

3. GPS的坐标系统及坐标系转换

GPS接收器是以WGS84坐标系（经纬度坐标系）为根据而建立的。我国目前应用的1∶5万的地形图属于1954年北京坐标系（BJ54），通常我们叫它公里网坐标。但GPS接收器已经预设了WGS84和公里网坐标之间进行坐标转换的公式，因此我们只要将必要的参数输入GPS接收器，即可自动转换。参数如下。

LONGITUDEORIGIN（中央经线）：依据上述内容，根据不同比例尺的地图和本地所处的不同位置而定；SCALE（投影比例）：1.0000000；FALSE′E′（东西偏差）：500000.0；FALSE′N′（南北偏差）：0.0。

因为WGS84坐标系与公里网坐标系统之间通常有80～120 m的差值，要获得较为精确的公里网坐标，还需要进行精确校正，各地区参数略有不同，北京市附近的县可采用北京市参数，安徽地区可采用安徽参数，使用1∶2.5万或1∶5万的地形图中央子午线取E117°，其他参数不变。

4. 已知坐标点校正GPS的误差

（1）用GPS去测量已知坐标点得到坐标XGPS和YGPS；

（2）计算两者的差值：△X=XGPS-X（已知），△Y=YGPS-Y（已知）；

（3）计算 FALSE′E′（东西偏差）和 FALSE′N′（南北偏差）；

东西偏差=500000-△X，南北偏差=0-△Y

（4）更改 GPS 参数中的 FALSE′E′（东西偏差）和 FALSE′N′（南北偏差）；要取得十分精确的坐标点，只能从测绘部门得到，但也可以通过地理信息系统中配准后的地形图中测得较为准确的公里网坐标点。一般情况下，也可以从地形图上直接仔细量取多个易于确定的特殊点的坐标，与 GPS 测定的坐标进行比较，求取平均偏差值。

2.5　地质罗盘仪的使用

地质罗盘仪是进行野外地质工作必不可少的一种工具。借助它可以判定方向、观察点所在位置、地形坡度，测出任何一个观察面（如岩层层面、褶皱轴面、断层面、节理面等构造面）的空间位置，以及测定火成岩的各种构造要素，矿体的产状等。因此必须学会使用地质罗盘仪。

2.5.1　地质罗盘仪的基本构造

地质罗盘仪式样很多，但结构基本一致，我们常用的是圆盘式地质罗盘仪。常见的地质罗盘仪一般由磁针、磁针制动器、刻度盘、测斜器、水准器和瞄准器等组成，并组装在一非磁性物质的铜或铝制的可翻开的方盒内（图 2.4）。

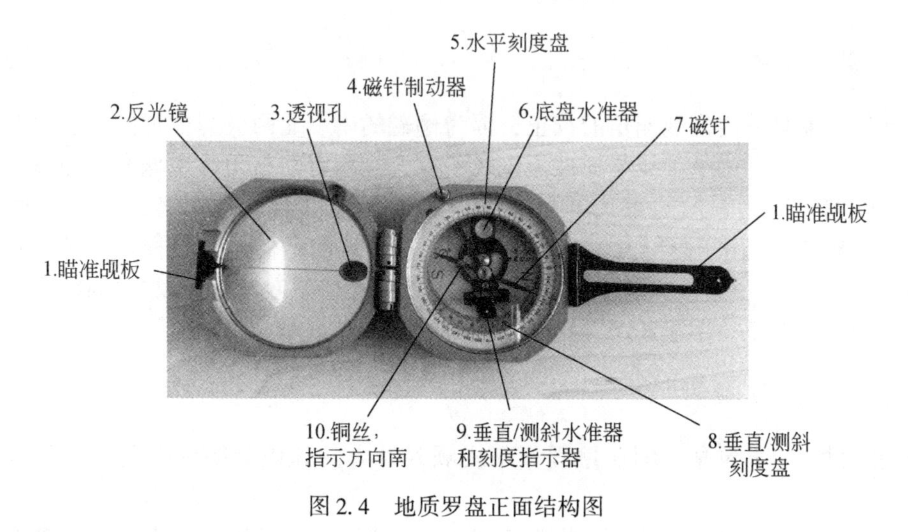

图 2.4　地质罗盘正面结构图

磁针：一般为中间宽两边尖的菱形钢针，安装在底盘中央的顶针上，可自由转动，不用时应旋紧制动螺丝，将磁针抬起压在盖玻璃上避免磁针帽与顶针尖的碰撞，以保护顶针尖，延长罗盘使用时间。在进行测量时放松固动螺丝，使磁针自由摆动，最后静止时磁针的指向就是磁针子午线方向。由于我国位于北半球，磁针两端所受磁力不等，使磁针失去平衡。为了使磁针保持平衡常在磁针南端绕上几圈铜丝，据此也便于区分磁针的南北两端。

磁针制动器：是在支撑磁针的轴下端套着的一个自由环，此环与制动小螺纽以杠杆相连，可使磁针离开转轴顶针并固结起来，以便保护顶针和旋转轴不受磨损，保持仪器的灵敏性，延长罗盘的使用寿命。

刻度盘：分内（下）和外（上）两圈，内圈为垂直刻度盘，专作测量倾角和坡度角之用，以中心位置为0°，分别向两侧每隔10°一记，直至90°。外圈为水平刻度盘，其刻度方式有两种，即方位角和象限角，随不同罗盘而异，方位角刻度盘从0°开始，逆时针方向每隔10°一记，直至360°。在0°和180°处分别标注N和S（表示北和南）；90°和270°处分别标注E和W（表示东和西）。象限角刻度盘与它不同之处是S、N两端均记作0°，E和W处均记作90°，即刻度盘上分成0°～90°的四个象限。

测斜指针（或悬锤）：是测斜器的重要组成部分，它放在底盘上，测量时指针（或悬锤尖端）所指垂直刻度盘的度数即为倾角或坡度角的值。

水准器：罗盘上通常有圆形和管形两个水准器，圆形者固定在底盘上，管状者固定在测斜器上，当气泡居中时，分别表示罗盘底盘和罗盘含长边的面处于水平状态。

瞄准觇板：包括接目和接物觇板、反光镜中的细丝及其下方的透明小孔，透视孔是用来瞄准测量目的物（地形和地物）的。

2.5.2 地质罗盘仪的使用方法

1. 磁偏角校正

在使用罗盘前需作磁偏角的校正，因为地磁的南、北两极与地理的南、北两极位置不完全相符，即磁子午线与地理子午线不重合，两者间夹角称磁偏角。地球上某点磁针北端偏于正北方向的东边叫做东偏，偏于西边称西偏。东偏为（+），西偏为（-）。水平刻度盘用于测量方位，使用前应根据当地的磁偏角进行校正。黄山地区磁偏角为西偏3°31′，扭动罗盘盒外壁上的螺丝，使水平刻度盘的356°29′刻度线对准罗盘盒上的0刻度线（图2.5）。

2. 目标方位测量

测定目标的方位角，即从地理子午线顺时针方向到该测线的夹角，有两种方法（图2.6）。

方法一：放松磁针制动器（即制动螺丝），使接物觇板指向测物，即罗盘北端对着目的物，进行瞄准，使目的物、觇板小孔和反光镜细丝连在一直线上，同时使底盘（圆形）水准器气泡居中，待磁针静止时指北针所指度数即为所测目的物之方位角。

方法二：罗盘南端对着目的物进行瞄准，使目的物、觇板小孔和透视孔细丝连在

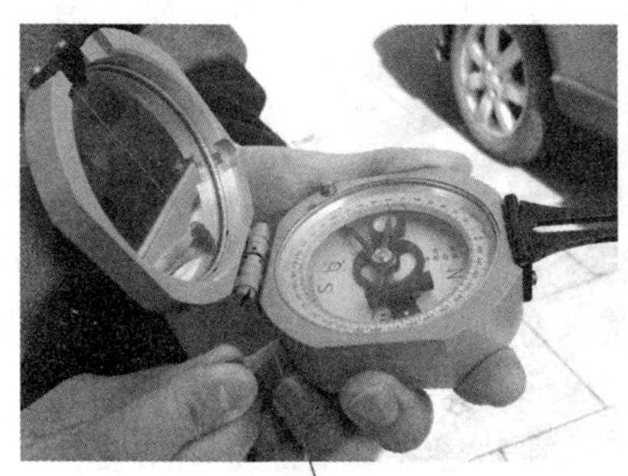

图2.5　磁偏角校正

一直线上，同时使底盘水准器气泡居中，待磁针静止时指南针所指度数即为所测目的物之方位角。

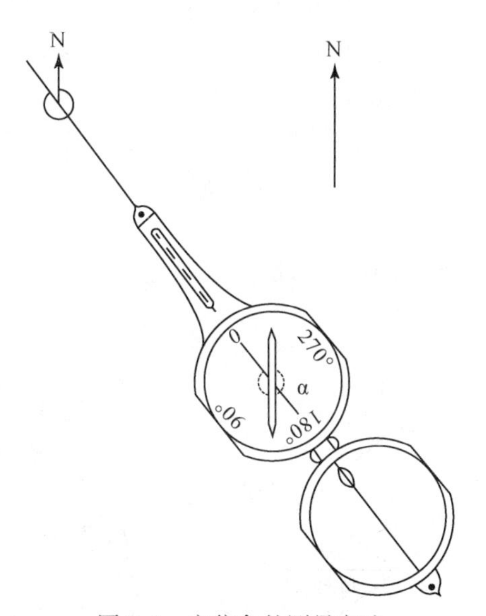

图2.6　方位角的测量方法

3. 岩层产状测量

岩层的空间位置决定于其产状要素，岩层产状要素包括岩层的走向、倾向和倾角。测量岩层产状是野外地质工作最基本的工作方法之一，必须熟练掌握。

（1）岩层走向测定：岩层走向是岩层层面与水平面交线的延伸方向，也就是岩层任一高度上水平线的延伸方向（图2.7）。首先通过观察找出能够代表岩层面的一个平整的面，如果层面不够平整，可将记录簿放在层面上。打开罗盘，将罗盘端平，测量时将罗盘长边与层面紧贴，然后转动罗盘，使底盘水准器的水泡居中，读出指针所指刻度即为岩层之走向（因走向线是一直线，其方向可两端延伸，故读南、北针均可）。可以核查走向测量结果是否正确，方法是将罗盘的长边沿着走向线放置，将罗盘调整到测斜仪模式，检查倾角是否为零。

（2）岩层倾向测定：岩层倾向是指岩层向下最大倾斜方向线在水平面上的投影，始终与岩层走向垂直（图 2.7）。测量时，将罗盘北端或接物觇板指向倾斜方向，罗盘南端紧靠着层面并转动罗盘，使底盘水准器水泡居中，读指北针所指刻度即为岩层的倾向（图 2.7）。

假若在岩层顶面上进行测量有困难，也可以在岩层底面上测量仍用接物觇板指向岩层倾斜方向，罗盘北端紧靠底面，读指北针即可，假若测量底面时读指北针受障碍时，则用罗盘南端紧靠岩层底面，读指南针亦可。

（3）岩层倾角测定：岩层倾角是岩层层面与假想水平面间的最大夹角，即真倾角（图 2.7），它是通过沿着岩层的真倾斜方向测量获得，沿其他方向所测得的倾角是视倾角。视倾角恒小于真倾角，也就是说岩层层面上的真倾斜线与水平面的夹角为真倾角，层面上视倾斜线与水平面之夹角为视倾角。野外分辨层面之真倾斜方向非常重要，它始终与走向垂直，此外可用小石子在层面上自由滚动或滴水使之在层面上自由流动，此滚动或流动方向即为层面之真倾斜方向。

大致判断出层面的倾斜线，将罗盘盒南北方向的边缘靠在倾斜线上，使罗盘直立，转动测斜器使测斜气泡居中，此时测斜器所指垂直刻度盘上的读数就是岩层的倾角（图 2.7）。

断层、节理等平面的产状测量与岩层产状测量相同。

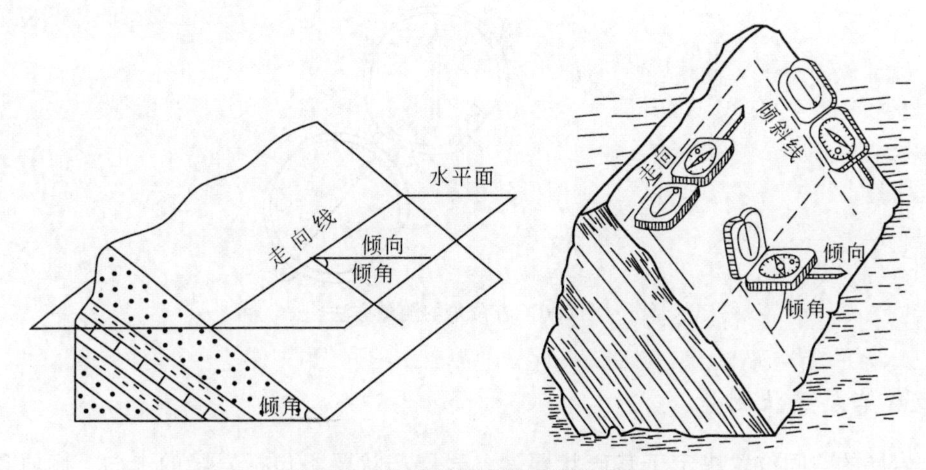

图 2.7　岩层产状要素及测量方法

（4）产状的表示方法：利用上述方法可以测量出岩层的产状。例如，某岩层测量出的走向、倾向和倾角分别为 60°~240°、150°和 40°。我们如何在图上或记录本上表示出来呢？

常见的有两种方法可以表示野外所测量的岩层产状。

图示法——长线（5mm）表示走向，短线（2mm）表示倾向，数字表示倾角。长线和短线垂直。

数字法——直接用倾向∠倾角来表示，即150°∠40°。

4. 地面坡度测量

将罗盘盒、反光镜、瞄准器构成一个三角形，两臂伸出，通过瞄准器和反光镜上的圆孔瞄准坡上（或坡下）的目标，使目标、透视孔中线和觇板孔形成一条直线，同时调整罗盘背面扳手使测斜水准器气泡居中，此时测斜器的读数就是地面坡度。测斜坡坡度时通常是两人对测，取俯角和仰角的平均值。

2.6　距离和厚度测量

厚度和距离是许多地质工作者必须要完成的两个基本测量任务，大多数情况下，钢卷尺和测绳就足够了，在斜坡上工作时使用一个连杆和罗盘测斜仪即可。

在大规模的测量时，例如区域填图工作，30m长的测绳是有用的。小的、短的、便宜的2m、5m或10m长的钢卷尺，在小规模的工作和柱状剖面图时是很适用的。由于钢卷尺是硬的，因此，它们能够被用于直接精确测量层的厚度，只要保持卷尺垂直于地层层面即可。

这些硬的尺子能够很容易被用于测量部分被淹没岩层的厚度，例如在滨岸的潮间带水坑；而且也能从底部握住尺子，向上延伸到绝壁，测量人们无法到达的岩层厚度。当独自一个人测量岩层厚度时，它能够测量比你臂长更大的厚度。一根测杆（或者已知长度的竹竿）、一根长的钢尺或木尺，也可以用于测量岩层厚度和普通的测量。

当倾斜岩层仅仅暴露在水平面（如采石场底部、河床剖面或者前滨），要直接测量岩层的真厚度非常困难或者是不可能的，但是通过直接测量垂直于走向的水平距离（d），和岩层的倾角（θ），就能够获得岩层的真正厚度（$H = d \times \sin\theta$）。

2.7　类型和颜色对照卡片

各种对照表（如颗粒大小卡片和岩石分类图表等）能够很好地用于半定量地描述岩石及其变化。将颗粒大小卡片放在干净新鲜的岩石上面，将卡片上的颗粒大小与岩石上颗粒大小相比较，直到平均颗粒大小相互匹配，而且最大和最小颗粒也合适。如果颗粒更小，需要使用放大镜对卡片和露头岩石进行比较，如果岩石是松散的，可以选取几颗代表性的颗粒放在卡片上进行比较，确定颗粒的平均大小。

稀盐酸能够用来鉴别碳酸盐。新鲜石灰岩表面滴上盐酸后会剧烈起泡，白云岩与冷盐酸几乎不反应，但热的盐酸或将白云石研磨为粉末的情况下则容易起泡，在使用盐酸时要注意安全性。沉积岩中，一个更容易和更少损坏手标本的鉴别碳酸盐方法是检测岩石的硬度。沉积岩中最常见的无色矿物是石英、方解石以及长石，石英能够刻划钢铁，而方解石不能刻划钢铁反而能够被小刀刻划；长石具有特定的解理，且容易风化为白色粉末，较易识别。

颜色的种类可以使用孟塞尔颜色卡片编辑成的图表来确定，当颜色是岩石系列的主要变化之一时（例如泥岩），或者颜色是成分的主要标志时，是特别有用的。由典型岩石颜色组成的小的版本可以从地质装备商场或各种地质协会、出版商处获得。

2.8 拍摄照片

拍摄照片是野外地质工作的重要组成部分，随着数码相机在大众中的流行，它变成了一件容易的事。照片能够帮助记忆，可以用于图像分析，提供了露头剖面随时间的变化，更是报告、演讲和论文中关键地质特征的基本材料。在野外，拍摄照片固然非常重要，但是照片不能替代野外记录和地质素描。野外素描记录表示层序的划分，提供进一步研究的要点以及一些地质解释。拍摄的照片应该记录在野外记录本和电子信息体中，并且通过相机或影像数码软件附加地质特征和位置。

数码单反（SLR）相机能够最方便地获得各种光照条件和类型的照片，它们通常都有更好的镜头。可是，许多卡片数码相机也能够获得极好的照片，而且它们还有小而轻、携带方便的优势。像掌上电脑等设备，要检查在强烈的阳光条件下显示屏是否可见，需要检查取景器什么时候不能使用。如果相机有取景器而且不是单反相机，取景器常常不能确切地代表相片的边界，所以如果想精确拍摄某一主题，首先需要弄清取景器里相片的边界到底在哪里。即使是单反数码相机，视图也是不一样的。具有较好户外和风景拍摄口碑的相机可以给出最好的地质野外照片。如果打算拍摄许多近距离的照片，一套好的微距镜头是非常有必要的。此外，对宽泛的光学条件，灵敏度高的相机也有较大的灵活性。

如果电池和存储器允许，使用数码相机，对拍摄照片的数量几乎没有限制。这意味着可以拍摄比实际需要更多的照片。下面的技巧将有助于获得各种类型的照片。

在一个位置拍摄第一张囊括全景的照片，目的是为了记录拍摄照片的地方。

拍摄全景照片和具有不同特征的近景照片。

注意光的条件，太阳光下最好的景色是顺光的，所以，这意味着在一天不同的时间需要在不同的位置以便获得最好的光线。多云条件可能更好于阳光条件，但是阳光可以使某些地质特征有更好的显示。

如果光的条件较差而且变化较大，可以带上几个不同类型的镜头。注意曝光不足的数码照片能够通过后期的加工处理达到较好的效果，而曝光过度的照片并没有记录所有的信息。

在一天稍晚的时候或上午稍早（例如低角度的光线）的光线能够衬托出小到中型

地形特点，例如遗迹化石和沉积构造。

如果使用照片进行影像分析，要确保照片不存在边缘失真。例如使用广角镜头拍摄的照片，或者用 50mm 以及更长焦距镜头拍摄的照片，会导致边缘失真。同时，也需要考虑在不同光照条件下的白平衡。

在低光条件下，使用三脚架是很有必要的。如果有一个三脚架，可以将照相机安装在岩石上并且使用半快门或者遥控快门线进行拍摄。

如果是在天气恶劣地区工作，需要购买一个防水镜头，就像潜水员在水下拍摄使用的那种。

如果要拍摄许多照片，例如壳层或者细节部分，按照地层顺序拍摄照片以免造成混淆，而且可以用某种方式在岩石上进行标记，例如用记号笔、涂改液、瓷土刻划器，以便知道不同照片之间的关系。

绝大多数情况下，如果要拍摄照片，垂直于要拍摄物体站立是最好的。

拍摄照片时，需要使用比例尺或者记录拍摄地区面积。根据拍摄的目标，可以使用任何物件作为比例尺，从一个人到一把尺子、相机镜头盖、硬币或者小刀。对于小型照片，一根手指也是有用的，好处之一是不会随意将它丢掉。对于中等和小规模的拍摄目标，理想的比例尺是刻度尺，而不是像镜头盖或者硬币这样的物体，因为它们有不同大小。此外，比例尺的理想颜色是中性色彩（灰色），以便它不会过度影响照片的曝光，或者用粗的记号笔在记录本的封面画一个比例尺。

当拍摄已经有素描图的地区照片时，应该将野外记录本的页码标记在照片的一角，以便将照片和野外记录本的素描图相互引用。

用记录本的一页指出或者标记照片上的特征。

在离开拍摄场所之前，应该利用相机显示屏对已拍照片进行检查，确定曝光和焦距是否正确，如果需要，可以进行补拍。

2.9　野外观察记录

野外观察记录是地球科学工作的第一手资料，是进一步分析研究的基础，也是地球科学工作者的基本功，必须非常重视。野外工作过程中，应将观察到的各种地质现象准确、清楚、系统地记录在专门的野外记录本上。野外记录的质量直接关系到地质工作的质量，反映出地质人员的工作作风和科学态度。因此，要求记录认真、态度严谨、格式通用、术语准确、字迹清楚。

2.9.1　野外记录要求

（1）详细记录：进行野外地质观察，必须做好记录，地质记录是最宝贵的原始资料，是进行综合分析和进一步研究的基础，也是地质工作成果的表现之一。

客观地反映实际情况。即看到什么记什么，如实反映，不能凭主观随意夸大、缩小或歪曲。但是，允许在记录上表示出作者对地质现象的分析、判断。因为这有助于提高观察的预见性，促进对问题认识的深化。

记录清晰、美观，文字通达，这是衡量记录好坏的一个标准。

(2) 图文并茂：图是表达地质现象的重要手段，许多现象仅用文字难以说明，必须辅以插图，尤其是一些重要的地质现象，包括原生沉积构造、结构、断层、褶皱、节理等构造变形特征，火成岩的原生构造、地层、岩体及其相互接触关系、矿化特征，以及其他内、外动力地质现象，要尽可能地绘图表示，好图件的价值大大超过单纯的文字记录。

2.9.2 野外地质记录内容

综合性地质观察记录，要全面和系统。例如进行区域地质调查，常采用观察点与观察线相结合的记录方法。观察点是地质上具有关联性、代表性、特征性的地点，如地层的变化处、构造接触线上、岩体和矿化的出现位置以及其他重要地质现象所在。观察线是连接观察点之间的连续路线，即沿途观察，达到将观察点之间的内容联系起来的目的。野外记录内容包括文字和图件两部分。

1. 文字记录

在野外把所观察到的地质内容按一定格式用铅笔（2H）记录在野外记录本的右页。记录的内容包括日期、星期、天气、地点、观察路线及编号、任务、人员、观察点的编号、观察点的地名或相对位置、GPS 坐标、意义、观察内容、各种测量数据、标本和样品编号、照片编号等。从上一个观察点到本点之间沿途所观察到的现象也应予以记录。一天路线结束后应有小结。其中，路线号、点号、样品号、照片号等应做到统一、顺序记录。记录格式见表 2.1。具体记录内容如下。

(1) 日期和天气。

(2) 实习地区的地名。

(3) 路线：从何处经过何处到何处，要写得具体清楚。

(4) 人员：各个小组的人员。

(5) 观察点编号：可从 D（Dot）001 开始依次为 D002，D003，……

(6) 观察点位置：尽可能交代详细，如在什么山、什么村庄的什么方向，距离多少米，是在大道旁还是在公路边，是在山坡上还是在沟谷里，是在河谷的凹岸还是在凸岸等，还要记录观察点的标高，即海拔高度，可根据地形图判读出来。观察点的位置要在相应的地形图上确定并标示出来。

(7) GPS 坐标：用 GPS 把观察点的具体经纬度或高斯坐标定位出来。

(8) 观察点义：说明在本观察点着重观察的对象是什么，如观察某一时代的地层及接触关系，观察某种构造现象（如断层、褶皱……），观察沉积岩的构造、火成岩的特征，观察某种外动力地质现象等。

表 2.1　野外地质调查记录格式

2 cm		1.5 cm
路线	谭家桥—汤口—郭村—宏村（当日地质调查路线）	
任务	1）学习 GPS 定点及用罗盘测量地层产状； 2）观察南华纪—奥陶纪地层（主要观察寒武纪地层）的岩性特征； 3）观察浅变质岩系——牛屋组到邓家组地层（主要观察铺岭组地层）的岩性特征 （视具体工作内容确定）	
人员	小组的全部人员	
	（————空一行————）	
观察点点号	D001	
观察点位置	省道 218 44～45 km 处	
GPS 坐标	记录 GPS 中的经纬度坐标	
观察点点义	青白口纪铺岭组岩性观察点	
露头情况	人工露头	
描述内容	（地质点上的相关地质内容描述，具体见上文）	
	标本：XXX 岩 B、b001-1	
	照片：Z1-1（前数为卷号，后数为张号）	
	（————空一行————）	B、b001-1
	D001—D002	Z1-1
	0—100m，为青白口纪铺岭组	
	产状：330°∠38°	
点间描述		
格式同上	（————空一行————） D002 （格式同上）	

（9）露头情况：说明在本观察点岩石出露情况，如天然露头或是人工露头，露头的大小等。

（10）观察内容：详细记录观察的现象，这是观察记录的实质部分。观察的重点不同，相应地有不同的记录内容。如果观察对象是层状地质体，则可按以下程序进行记录。

①岩石名称，岩性特征，包括岩石的颜色、矿物组成、结构、构造和工程特性等；②化石情况，有无化石，化石的数量，化石的门类，化石的名称，保存状况等；③地层时代的确定，确定到系、统以及所属的群、组；④岩层的垂直变化，相邻地层

间的接触关系，列出证据；⑤岩层产状，按方位角的格式进行记录；⑥岩层出露处的褶皱状况，岩层所在构造部位的判断，是褶皱的翼部还是轴部等；⑦岩层小节理的发育状况，节理的性质、密集程度，节理的产状，尤其是节理延伸的方向；岩层破碎与否，破碎程度，断层存在与否及其性质、证据、断层产状等；⑧地貌、第四系（山形，阶地、河曲等），河谷纵、横剖面情况，河谷阶地及其性质，水文，水文地质特征及物理地质现象（如喀斯特、滑坡、冲沟、崩塌等的分布，形成条件和发育规律，以及对工程建筑的影响等）；⑨标本编号，如采集了标本、样品或进行照相等，应加以相应标明；⑩补充记录。上述内容尚未包括的现象。

如果观测点为侵入体，除化石一项不记录外，其他项目都应有相应的内容，如④项应为侵入接触关系或沉积接触关系；⑤项应为岩体，是岩脉、岩墙、岩床、岩株或岩基等；⑥项应为岩体侵入的构造部位是褶皱轴部或翼部，是否沿断层或某种破裂面侵入等。上述记录内容是全面的，但在实际运用时，应根据观察点的性质而有所侧重。

（11）沿途观察：记录相邻观察点之间的各种地质现象，使点与点之间的关系连接起来。

（12）绘制各种素描图、剖面图，一般在记录簿的右页记录，在左页绘图。

（13）路线小结：简要说明当天工作的主要成果，尚存在哪些疑点或应注意之点。

以上记录项目应逐项分开，除日期和天气可以记录在同一行，其余各项均要另起一行。

对文字记录作如下要求：①文字记录必须在野外当时完成，不能在室内想象或追忆记录。记录内容必须是自己观察到的地质现象，绝对不允许抄袭别人记录的内容。②记录要客观、真实、详细、清楚、格式正确。③只能用2H铅笔进行记录，不能用其他笔记录。④记错的地方可用铅笔删掉或改正，更改时不得擦除原记录，绝对不能撕掉废页。⑤野外观察到的地质现象与个人的分析推断应该分开记录。记录产状要素，要另起一行。⑥记录簿必须妥善保管，不得损坏丢失。记录簿上应写上编号、姓名、住址、工作地区和主要工作内容。

2. 图件记录

各种地质信手剖面图、地质素描图等应该绘在野外记录本的左页（厘米纸）上，为了配合文字记录。在野外，有些现象用文字难以描述时，应辅以插图和照片。图示能起到简洁、直观、明了、形象地说明地质现象的作用，建立空间概念，这些特点都优于文字记录。照片的优势在于能够客观真实地记录野外地质现象，没有主观的修饰。

图件的类型有多种，可根据需要绘制不同的图件。一年级地质认识实习期间常常绘制的图件有地质素描图、平面示意图、地质信手剖面图等。无论何种图件，它们都必须具备以下5部分：图名、方位、比例尺、图例及所表示的地质内容，它们相对位置关系如图 2.8，图例放在比例尺和图名之间也可。作图要求图面内容正确、结构合理、线条均匀、清晰、整洁美观等。

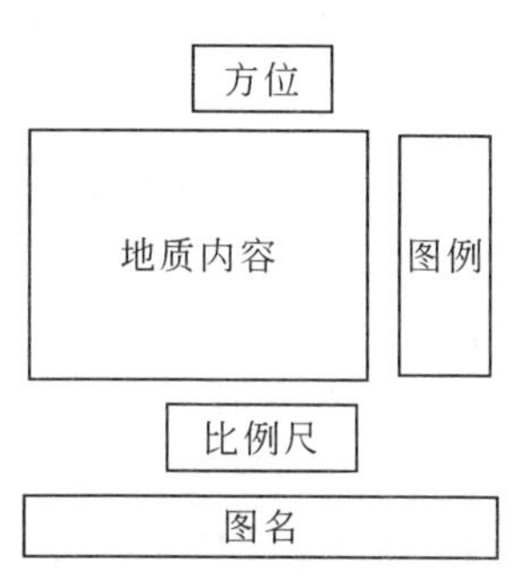

图 2.8　地质图件各项内容相对位置图

1）素描图

地质素描是从地质观点出发，运用透视原理和绘画技巧来表达地质现象或地质作用的画幅。野外勾绘的地质素描，通常是在调查观察过程中进行的，往往要求在较短的时间内完成，一般就在自己野外记录本上用铅笔画，不可能精工细作，故又称“地质素描草图”。一年级地质认识实习最主要的图件就是地质素描图，因此在这里详细介绍。

地质素描比地质摄影优点多。地质素描除了不受天气、镜头取景范围、近景与远景的限制和比较经济等优点外，更重要的是，当我们分析某种地质现象，认为哪些特征应当强调，哪些附属物或近旁的草木对这些特征有所干扰而应当排除时，若采用照相的办法，忠实于客观景物的复制，就会主次不分，不能突出地质内容，达不到应有的效果。若采用素描技术处理，则完全可以根据观察者的需要，对各种地质现象特征和附近的景物有所取舍，该突出哪些，该精简哪些，都凭自己的运笔予以描绘和体现。事实表明，一份地质调查报告，如果能充分运用地质素描，既有助于揭示和说明问题的现象本质，又可避免一些不必要的文字叙述，做到简明扼要、图文并茂，效果更佳。

（1）地质素描的种类。地质素描按其内容，最常见的有以下几类：①地层素描。素描对象是地层，表示地层层位关系、地层特征等，如地层剖面素描图。②地质构造素描。主要对象是褶皱、断层、节理及其他构造地质现象。褶皱素描：在素描动笔前，应首先琢磨哪一层可作为“标志层”和这个“标志层”的岩性特征以及如何表达的素描技法。到素描时，对“标志层”可着重描绘，以求褶皱形态充分显示出来。断层素描。跟褶皱一样，应先找出它的“标志层”，以此判断断层两盘的相对动向，确定断层类型。节理素描：素描时主要应把几组不同方向的节理表现清楚，注意各组间的交角大小和各组节理的宽度大小符合实际和透视原理。③地貌素描。地貌素描是一类视野较大的素描，从地质角度考虑，主要是表现地貌特征与岩石性质、地质构造的关系，或表现风化、水流侵蚀、冰川、火山、地震等地质作用与地貌的关系。

（2）地质素描的基本步骤：①选定素描对象的范围，确定景物在画框内的位置。②安排主要对象和次要对象的大小比例及其相对位置关系，并在图框内勾画出其范围。③勾画景物（或地质体）的轮廓线。主要是抓住外形轮廓，如山脊、陡崖、河床、阶地、层面、断层之类。勾画时先近后远，近处需要画得细致、清晰、浓重，远处画得粗略、轻淡、隐约。尽量符合透视原理来运笔。④在轮廓线勾画就绪的基础上，加阴影线。这一步骤主要是掌握景物形象的立体感，使其逼真如实。⑤适当画些背景或衬托物，用以美化画面。⑥为了清楚地表达画面的内容，可在景物（或地质体）附近标上必要的文字，如村庄、地层年代符号或其他符号等。⑦最后写上图名、地名、方位、测量数据、比例尺及其他必要的说明。

在野外所见到的典型地质现象，小到如一块标本或一个露头上的原生沉积构造、次生的构造变形（断层和褶皱）、剥蚀风化的现象；大到如一个山头甚至许多山头范围内的地质构造特征或内外动力地质现象（如冰蚀地形、河谷阶地、火山口地貌）等，均可用地质素描图表示。素描图就是绘画，其原理就是绘画的原理，不过，地质素描则要考虑地质内容，反映出地质构造形态的特征。

地质素描类似于照相，但照相是纯直观的反映，而地质素描则可突出地质内容的重点，作者可以有所取舍。照相需要条件，地质素描则可以随时进行。因而地质工作者应当学习地质素描的方法，作为进行地质调查必需的手段之一。

2）平面示意图

是把地质现象垂直投影到水平面而绘制的图件。作法为：选取图面位置（按地质内容要求确定）；定出比例尺；勾画地质界线；标出方位、图名、图例、地物名称等。

3）地质信手剖面图

是把在某一条路线上所观察到的地层、构造及地层接触关系等地质现象实事求是地反映在地质剖面图上的图件，如图 2.9。剖面图上的地质内容的相对位置是目估、步测或者利用 GPS 确定的，而不是实测的，故称为信手剖面图。作法：确定剖面线方位，一般要求与地层走向线或地质构造线垂直；确定比例尺，根据实际长度，选择适当的比例尺；按选取的剖面方法和比例尺勾绘地形轮廓；将各项地质内容按要求投在地形剖面相对应的下方，画地质界线的产状必须用量角器量；用各种通用的花纹和代号表示各项地质内容；标出图名、图例、比例尺、剖面方位及剖面上地物名称。

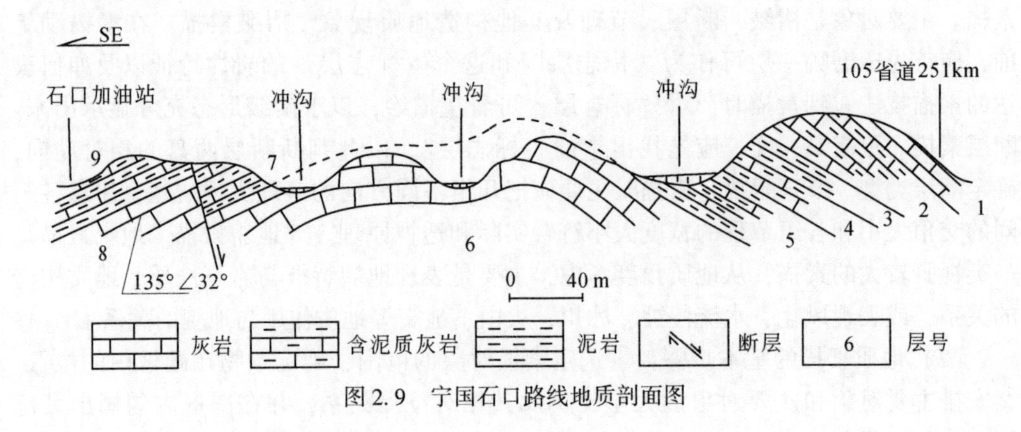

图 2.9　宁国石口路线地质剖面图

3. 标本采集

野外地质工作的过程是收集地质资料的过程，地质资料除了文字记录和各种图件以外，标本则是不可缺少的实际资料。有了各种标本，就可以在室内做进一步测试、分析和研究。因此，在野外必须注意采集标本。

根据用途，标本分地层标本、岩石标本、化石标本、矿石标本以及专用（薄片鉴定、同位素年龄测定、光谱分析、化学分析、构造定向等）标本等。标本应该是新鲜的而不是风化的。

常用的是地层标本和岩石标本，对于这类标本的大小、形态有所要求，一般是长方体形，其规格（高×宽×长）是 3cm×6cm×9cm。应在采石场、矿坑等人工开采地点或有利的自然露头上进行采集、加工、修饰。化石标本力求是完整的。矿石标本要求能反映矿石的特征。薄片鉴定、化学分析、光谱分析等项标本不求形状，但求新鲜，按照规定的数量采集。一年级学生主要是采集岩石标本。一般在不同岩性的岩层中都需采集，以便进行室内观察、分析、定名等。在地质剖面中，常按地层分层顺序进行逐层（通常是从下到上）采集，并进行编号。编号可按不同性质的标本、不同观察点或某个剖面进行，在标本上用记号笔写上编号或在标本上贴橡皮胶再用圆珠笔标明编号，同时在野外记录本上记上标本采集的情况，编号不能重复。如蓝田信手剖面第五块岩石标本，编号可标为 b-LT-5，b 为岩石标本的代号，LT 为蓝田拼音的第一个字母，5 为第五块标本。

标本采集后，要立即编号并用油漆或其他代用品写在标本的边角上，防止被磨掉。同时在剖面图或平面图上用相应的符号标出标本采集位置和编号，并在标本登记簿上登记，填写标签。登记内容包括：标本号、岩石名称、用途、采集位置、时代（地层时代）、采集日期、采集者。化石标本特别要用棉花仔细包装，避免破损。然后把标本包好、装箱。

2.10　实习报告编写

编写实习报告是对实习期间所观察到的各种地质现象、室内研究结果和前人资料进行分析、归纳、综合，并且以简练流畅的文字表达出来的过程，是系统地认识实习内容的过程，也是进行地质思维训练、熟悉地质研究成果及科研报告编写程序的过程，是地质工作者的基本能力之一。实习报告的内容要真实、丰富，论述有据，图文并茂。具体要求如下：

（1）每人编写一份实习报告，将所观察到的地质现象加以归纳、分析，综合成文。

（2）报告的内容必须符合实际情况，资料主要来源于野外观察、野外记录本和照片，可以结合教师讲课的内容、相关的文献（实习区的基础地质资料、发表的文章）及实习指导书。

（3）要使用地质专业术语，基本概念准确，内容齐全，重点突出，结构合理，条理清楚，文字通顺，字数约 5000 ~ 8000 字。

(4) 文字叙述与图件相结合，包括素描图、剖面图、照片等。图件要求：内容明确、图面结构合理、符合规范。

(5) 要有封面、目录和章节。

下面列出的实习报告内容，仅供参考，可以有不同的侧重、取舍或修改。

(1) 前言，如实习的任务、内容、起始时间和完成情况等；实习区的基本情况如自然地理、交通位置、社会经济人文等；

(2) 地质背景简介，实习区地层、岩浆岩和构造等；

(3) 观察到的地质现象、认识和结论，包括地层、地质构造、岩浆岩、沉积岩、变质岩、风化作用、河流、地下水、滑坡、冰川遗迹等；

(4) 观察到的自然地理现象和分析，如地貌及其演化、植被、生态环境等；

(5) 后记，包括实习期间的收获、体会、意见和建议等。

第3章　地层、岩石和构造的基本知识

野外地质工作，就是要把所见的地质现象，如地层、岩石、构造和表层地质作用（风化作用、河流、地下水等）及所表现出来的地貌等客观地记录下来，从而对所研究地区进行系统的调查工作。其中对研究区地层、岩石和构造的分布、性质等现象做详细的观察，是野外地质工作最基本的要求。

3.1　地　　层

地层（stratum，strata）是指地质历史时期形成的层状岩石，它包括沉积岩、火山岩、层状侵入岩及其变质岩。地层中保存着地质历史进程中较完整的沉积记录，地层的研究既是区域地质研究的基础，也是全球地质发展史的基础，同时也对矿产资源的普查勘探、人类生存环境的保护和地质灾害的预防有着重要的指导作用。所以，地层学的研究不仅有重要的地质理论意义，而且对国民经济建设也有直接的影响。

地层是具有某种共同特征或属性的岩石体，能以明显的界面与相邻的岩层和岩石体相区分。地层具有如下特点：地层沉积时是近于水平的，而且所有的地层都是平行于这个水平面的；地层在大区域甚至全球范围内是连续的，或者延伸到一定的距离逐渐尖灭（侧向连续）；原始地层自下而上是从老到新。

地层的研究主要包括地层的形成顺序、分类和分布，地层的岩性及所含的化石，地层的各种物理、化学特征，地层的划分和对比，地层的形成环境，建立地层系统，确定地层年代等。

地层是有年龄的。根据动物群顺序原理，含有相同化石的地层，其时代相同；不同时代的地层，所含化石不同。因此，由于生物演化的前进性、阶段性和不可逆性，可以根据生物化石划分地层单位，确定地层相对年代。此外，岩石同位素年代的测定，对于地层时代的确定，特别是对于很少含化石或者不含化石地层的划分和对比是一个十分重要的方法。

根据地层的特征和属性，按照地层的原始顺序以及地层工作的实际需要，把一个地区的地层划分成各种地层单位。在地层划分的基础上，将不同地区的地层进行比较，论证其地质时代、地层特征和地层层位的对应关系。

常见的地层划分种类包括岩石地层单位、年代地层单位、生物地层单位等（表3.1）。

岩石地层单位：由岩性、岩相或变质程度均一的岩石构成的三度空间岩层体。它是客观的物质单位，必须建立在岩石特征从纵、横两个方向具体延展的基础之上，而不考虑其年龄。包括群、组、段、层四级单位。组是岩石地层系统的基本单位，具有相对一致的岩性，顶底界线明显，有一定的厚度和一定的分布范围。群是由岩性相似、结构相近、成因相关的组联合而成，或者为一套厚度巨大，岩类复杂，未做深入研究的岩系。

年代地层单位：是指在特定时间间隔内形成的地层体。包括宇、界、系、统、阶、亚阶。

表 3.1　地层划分的主要种类

地层划分的主要种类	地层单位术语		对应的地质年代单位术语
岩石地层	群 Group 组 Formation 段 Member 层 Bed	岩群 Group-complex 岩组 Formation-complex 杂岩 Complex	
生物地层	生物带		
年代地层	宇 Eonothem 界 Erathem 系 System 统 Series 阶 Stage 亚阶 Substage		宙 Eon 代 Era 纪 Period 世 Epoch 期 Age 亚期 Subage
磁性地层	极性带		极性时
层序地层	巨层序 Megasequence 超层序 Supersequence 沉积层序 Sequence 体系域 Sequence tract 副层序 Parasequence		

生物地层单位：根据地层中保存的生物化石划分的地层单位，是以含有相同的化石内容和分布特征，并与邻层化石有别的三度空间岩层体。包括延限带、顶峰带和组合带。

在野外观察研究地层时，确定地层的顺序、地层单位和地层之间的接触关系极为重要。根据地层叠覆原理，在未经强烈构造变动的地区，年老的地层位于下部，年轻的地层位于上部。但是，在构造变动比较强烈的地区，由于褶皱和断裂作用等导致地层的正常层序受到破坏，因此需要进行研究，恢复地层的原始顺序。人们通常根据各种沉积标志例如层理构造、层面构造、化石等研究，判断地层的上、下层面（图 3.1），恢复正常层序，在此基础上开展各项地质工作。

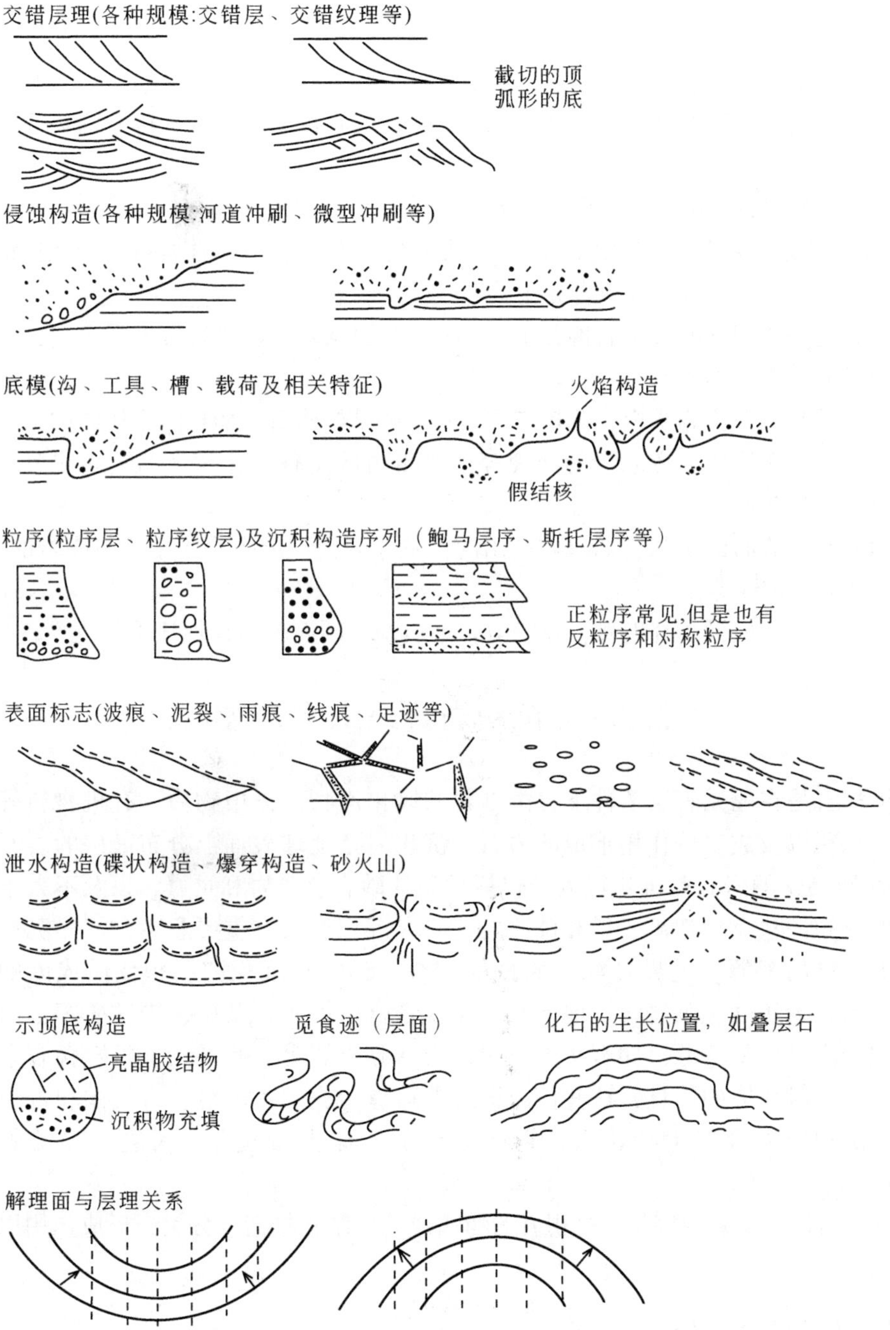

交错层理(各种规模:交错层、交错纹理等)

截切的顶
弧形的底

侵蚀构造(各种规模:河道冲刷、微型冲刷等)

底模(沟、工具、槽、载荷及相关特征)

火焰构造

假结核

粒序(粒序层、粒序纹层)及沉积构造序列（鲍马层序、斯托层序等）

正粒序常见,但是也有
反粒序和对称粒序

表面标志(波痕、泥裂、雨痕、线痕、足迹等)

泄水构造(碟状构造、爆穿构造、砂火山)

示顶底构造

亮晶胶结物

沉积物充填

觅食迹（层面）

化石的生长位置，如叠层石

解理面与层理关系

图 3. 1　判断沉积地层顶面、底面的标准

3.2 岩石野外工作方法

野外地质工作最基本的工作之一就是对工作区岩石或地层的分布、性质等做详细的观察，因此学会野外鉴定岩石是非常重要的。岩石按照其地质成因分为火成岩、沉积岩和变质岩三大类。

岩石野外观察基本内容与程序如下：

（1）根据矿物成分和共生组合以及特征的结构构造，并结合岩石的产状特征，划定岩石大类，即岩浆岩、沉积岩、变质岩；

（2）进一步根据各类岩石的鉴定要点、命名方法对岩石进行鉴定和命名，并详细描述和记录岩性；

（3）在较大范围露头内，测量有重要意义的结构构造，如花岗岩体的构造、沉积岩的波痕和层理构造、变质岩的面理等；观测测量具有特殊意义的物质成分，如斑晶、包体、砾石等；

（4）测定岩石的产状，如岩体产出的位置、规模、形态及大小、与围岩的关系、岩体内部的分带性等；

（5）采集定向标本并编号，在图中（地质图、剖面图等）标注采集位置。

3.2.1 沉积岩野外工作方法

沉积岩是在地壳表层条件下，由母岩的风化产物、火山物质、有机物质等，经搬运、沉积以及成岩等作用形成的岩石。沉积岩是地球表面上分布最广的岩石，地球表面上75%的岩石是沉积成因，包括常见的砂岩、灰岩和页岩，以及不太常见但是众所周知的盐类、铁矿、煤和硅质岩。研究沉积岩具有重要意义，首先沉积岩中蕴藏着丰富的资源，世界资源总储量的75%～85%是沉积和沉积变质成因的，如煤、石油、天然气、页岩气、地下水、盐、石膏、铀矿、铁矿、铅锌矿等，而且许多沉积岩本身就是资源，如石灰岩、白云岩、黏土岩等；此外，沉积岩含有它们成因以及形成时环境的信息，这些信息记录着地球历史中古环境、古气候和古地理的演变；沉积岩中含有生物化石，它们记录了地球生命起源、灭绝、发展和演化历史。

沉积岩研究主要内容包括沉积岩的物质成分、结构构造、分类、形成作用以及形成环境。

1. 沉积岩的成分

最常见的沉积岩是砂岩、泥岩、碳酸盐岩以及砾岩，蒸发岩、铁质岩石、燧石和磷酸盐等很少或者仅在局部发育。在某些地方火山碎屑岩很发育。

沉积岩的矿物成分主要有石英、长石、黏土矿物、方解石、文石、白云石等（表3.2）。

表3.2　常见沉积岩矿物特征

矿物	分子式和名称	手标本颜色	解理	手标本其他特征	形式和产状
石英	二氧化硅（SiO_2）	透明的	—	可以刻划钢	常见为碎屑颗粒，也作为胶结物
黏土矿物	各种含水铝硅酸盐	典型的灰色、绿色或者红色	板状	细粒	常常作为基质
方解石	碳酸钙（$CaCO_3$）	透明或者白色，各种浅色	菱形	可以用刀刻划，遇盐酸气泡	
文石	碳酸钙（$CaCO_3$）	带有珍珠彩的白色	直线	常常保存在海相泥岩中的原始生物碎屑	颗粒、基质或者胶结物
白云石	碳酸钙镁（$CaMg(CO_3)_2$）	浅黄色，奶油色	菱形	遇热酸起泡，遇冷酸很少起泡	
长石	各种正长石（$K(Na)AlSi_3O_8$）和钠长石（$Na(Ca)AlSi_3O_8$）	透明或者粉红色或者白色	存在	可以用刀刻划，风化后成白色粉末状的黏土矿物	碎屑晶体
海绿石	$KMg(Fe, Al)(SiO_3)_6 \cdot 3H_2O$	绿色	板状	软的，风化成褐铁矿等	鲕粒，泥和球粒，广泛存在海相环境中
铁的氧化物	各种赤铁矿（Fe_2O_3）和褐铁矿（$H_2Fe_2O_4(H_2O)_x$）	红色、黄褐色或绿色	—	在风化面上更明显	晶体，颗粒胶结物以及交代产物

2. 沉积岩结构

沉积岩的结构反映沉积物颗粒的大小，颗粒磨圆度以及颗粒间关系。根据颗粒大小，被分为砾、砂、粉砂和泥（表3.3）。主要类型有：①碎屑结构，岩石中的颗粒是机械沉积的碎屑物，50%以上由碎屑组成，其余为胶结物和杂基。按照碎屑大小不同又可分为砾状、砂状、粉砂状结构。②泥状结构，由泥质组成，黏土矿物含量大于50%。③晶粒结构，化学或生物化学作用在溶液中沉淀的晶粒和成岩后生作用重结晶形成的晶粒组成的一种结构，由结晶矿物组成。④生物结构，岩石中生物遗体或碎片含量大于30%。

3. 沉积岩构造

沉积岩的构造是指沉积物沉积过程中或沉积后由于物理、化学或生物作用使岩石各组成部分的空间分布与排列方式。成岩之前形成的为原生构造，例如各种层理构造，包括水平层理、斜层理、粒序层理等（图3.2）；各种层面构造，包括波痕、泥裂、冲刷痕、印模、底模、雨痕、假晶、虫迹等；成岩之后形成的次生构造，如缝合线等。原生构造是反映沉积环境和确定地层顶底面的重要标志（图3.1）。

表3.3　碎屑颗粒粒级划分

粒径			粒级	沉积物/岩石名称
mm	φ		块状	巨型砾岩
4096	−12			
		极粗	巨砾（漂砾）	砾石 砾岩
2048	−11			
		粗		
1024	−10			
		中		
512	−9			
		细		
256	−8			
		粗	中砾（卵石）	
128	−7			
		细		
64	−6			
		极粗	小砾（小卵石）	
32	−5			
		粗		
16	−4			
		中		
8	−3			
		细		
4	−2			
			细砾	
2	−1			
		极粗	砂	砂 砂岩
1	0			
		粗		
0.5	1			
		中		
0.25	2			
		细		
0.125	3			
		极细		
0.063	4			
		粗	粉砂	粉砂 粉砂岩
0.032	5			
		中		
0.016	6			
		细		
0.008	7			
		极细		
0.004	8			
			泥	泥 泥岩

4. 沉积岩的分类

沉积岩的分类按照物质来源可以分为四类：①陆源的，物质来自陆壳的风化，包括砾、砂、粉砂等碎屑和黏土矿物；②内源的，指来自沉积盆地的化学物质和生物化学物质；③火山源的，主要由火山喷发提供的物质；④生物源的，主要是生物遗体的有机衍生物。

常用的沉积岩分类如表3.4。

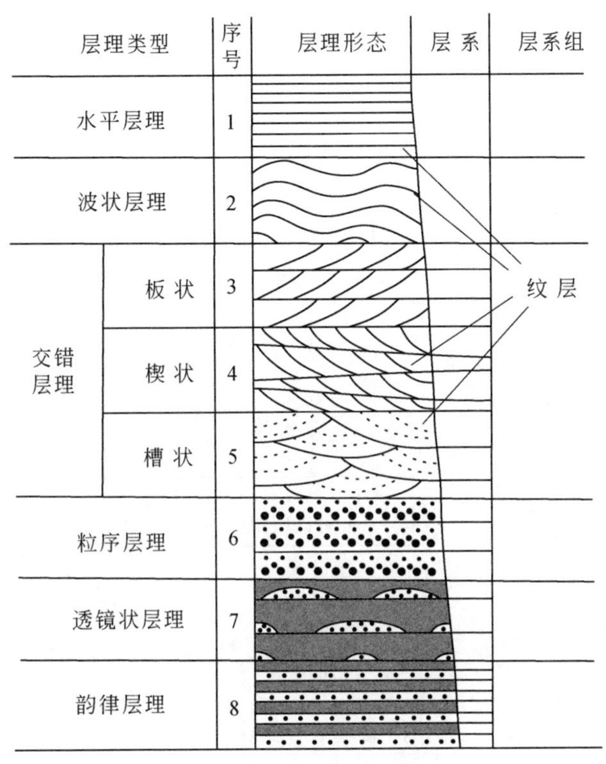

图 3.2　沉积岩层理的基本类型及有关术语

表 3.4　沉积岩分类（据曾允孚等，1986 修改）

陆源沉积岩		内源沉积岩			火山碎屑岩
陆源碎屑岩	泥质岩 黏土岩	蒸发岩	非蒸发岩	可燃有机岩	
砾岩和角砾岩 砂岩 粉砂岩	高岭石黏土岩 蒙脱石黏土岩 伊利石黏土岩 泥岩 页岩	石膏，硬石膏岩 石盐岩 钾镁盐岩	碳酸盐岩 硅质岩 铝质岩 铁质岩 锰质岩 磷质岩	煤 油页岩	集块岩 角砾岩 凝灰岩

根据沉积岩在地表的分布，主要有两大类，分别是陆源碎屑岩和碳酸盐岩。碎屑岩主要由四部分组成，包括颗粒、基质、胶结物和孔隙。根据碎屑颗粒大小，分为砾岩（颗粒大于 2mm）、砂岩（颗粒为 2 ~ 0.0625 mm）、粉砂岩（颗粒为 0.0625 ~ 0.0039 mm）和泥岩（颗粒小于 0.0039 mm）。

碎屑岩野外鉴别程序，首先是确定颗粒的大小，然后根据基质的含量，再按照矿物成分进行鉴别，具体流程见图 3.3，碎屑岩的成分分类见图 3.4 和图 3.5。如果是砂、黏土、粉砂、泥质和砾质混合的岩石，分类见图 3.6。

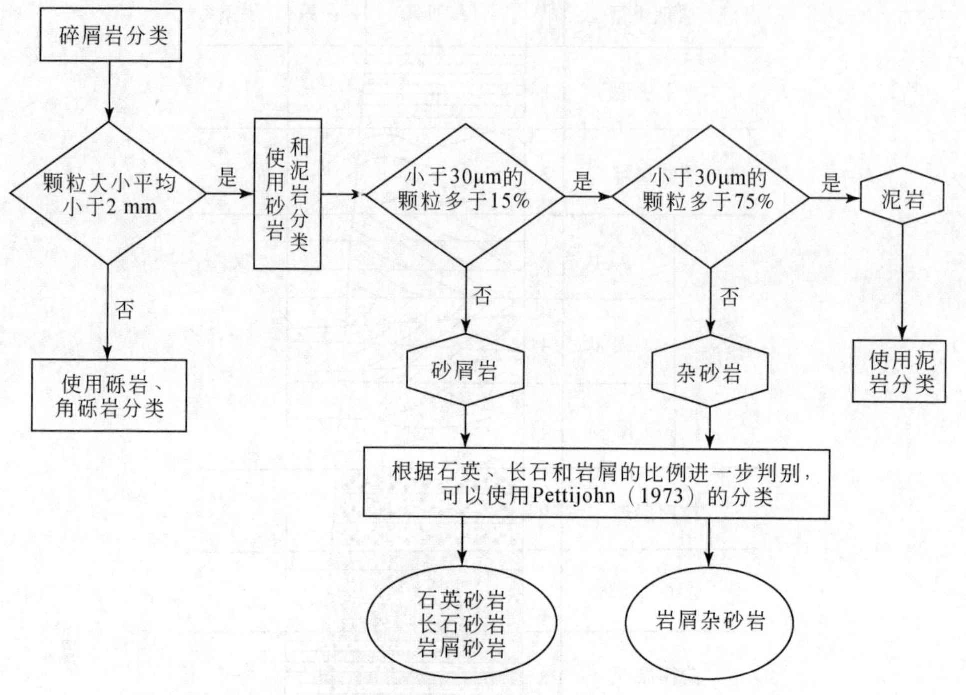

图 3.3　碎屑岩野外鉴别流程图

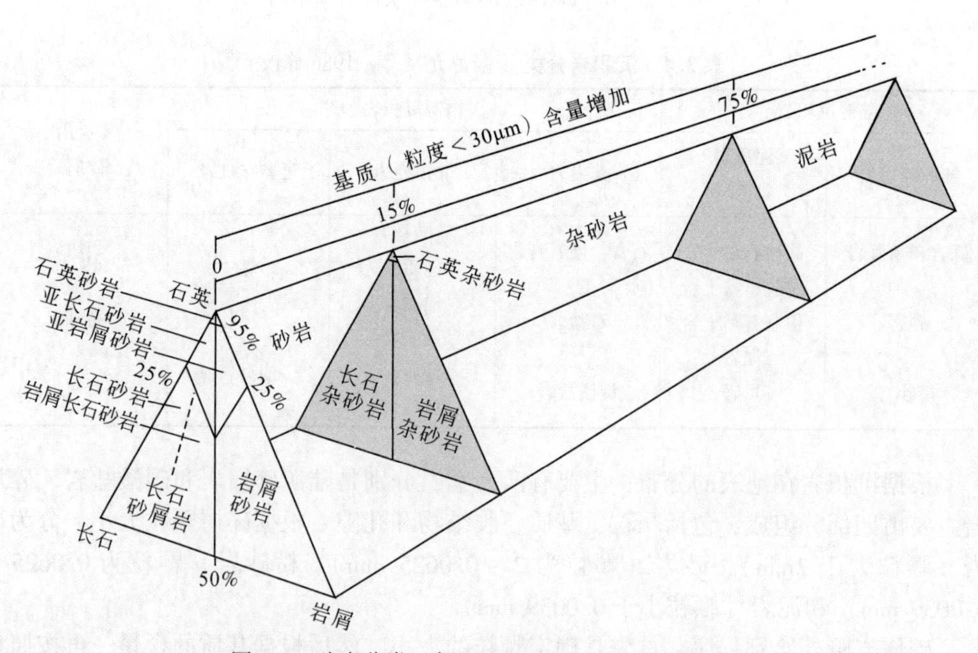

图 3.4　砂岩分类（据 Pettijohn et al.，1973 修改）

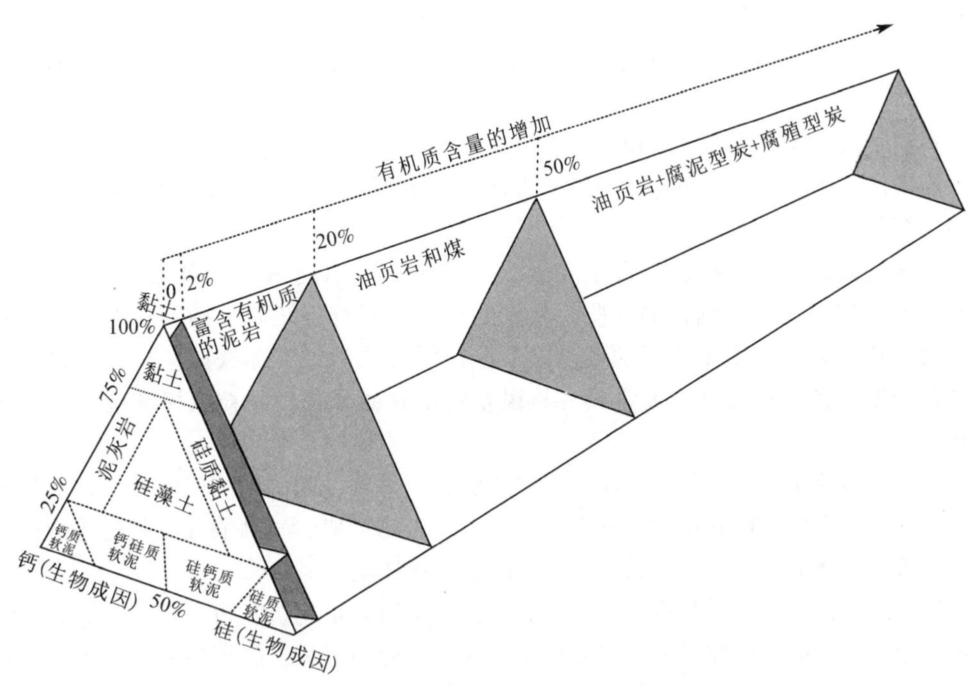

图 3.5　泥岩分类（据 Stow，2005 修改）

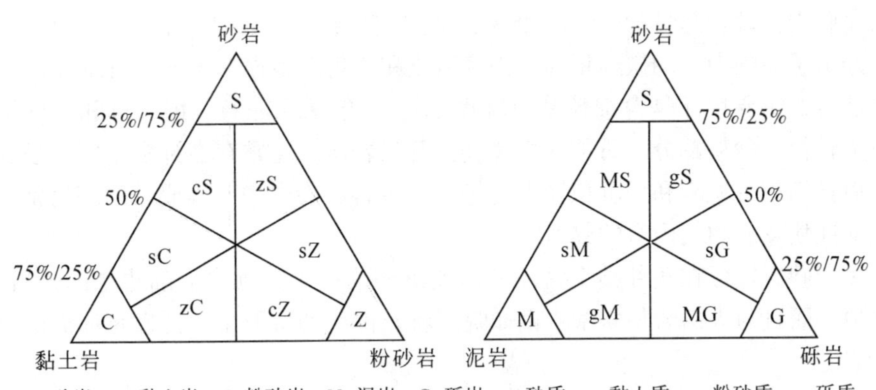

S-砂岩　C-黏土岩　Z-粉砂岩　M-泥岩　G-砾岩　s-砂质　c-黏土质　z-粉砂质　g-砾质

图 3.6　砂、黏土、粉砂、泥质和砾质混合物的分类（据 Tucker，2003）

5. 砂岩的主要类型

砂岩是沉积岩中最常见的岩石类型。常见的砂岩类型有四种，石英砂岩、长石砂岩、岩屑砂岩和杂砂岩，它们常常反映了典型的沉积环境。由于风化和隆起的差异，它们不同程度地反映了物源区的地质特征。

石英砂岩，至少含有 95% 以上的石英颗粒，属于成分成熟度最高的砂岩，它们通常由磨圆度和分选性极好的颗粒组成，具有非常高的结构成熟度。胶结物通常是典型的石英次生加大，但是，方解石胶结也比较常见。具有均一消光的单晶石英比较常见，具有波状消光和多晶的石英比较少见。重矿物主要有金红石、电气石、锆石和钛铁矿。

石英砂岩主要形成于比较稳定的克拉通盆地和被动大陆边缘构造背景，发育在海滩等簸选作用比较强烈的环境。石英砂岩常常位于海侵层序的底部，例如泥盆系五通组的石英砂岩。

长石砂岩，一般是指长石含量大于25%的砂岩，有更多的石英以及一些岩屑，还有云母碎屑以及一些细粒的基质。常见的长石主要有钾长石、微斜长石、多晶石英以及长英质岩屑。由于长石的颜色以及存在侵染状的细粒赤铁矿，长石砂岩通常是红色或粉红色。长石砂岩通常具有从很差到很好的分选，颗粒从极端棱角状到次圆状。

长石砂岩源于富含钾长石的花岗岩和片麻岩。另外，物源区的气候和隆升也是重要的因素，半干旱气候和冰川气候有利于长石砂岩的形成，较高的隆升和迅速的侵蚀有利于长石碎屑的形成。许多长石砂岩形成于河流环境。

岩屑砂岩，由岩屑、长石和石英组成，其中岩屑含量超过长石含量。岩屑砂岩的矿物成分和化学成分变化很大，主要取决于存在的碎屑类型。岩屑砂岩主要由泥岩碎片以及它们的低级变质产物，火山岩颗粒，其他成分包括云母片、一些长石和石英颗粒。胶结物常常是钙质和硅质的，自生黏土常见。

岩屑砂岩占砂岩总量的20%～25%，低的成分成熟度表明源于上地壳物质的快速沉积，经历了短到中等的搬运距离。许多河流和三角洲砂岩都属于岩屑砂岩。

杂砂岩的主要特征是含细粒基质（图3.4），包括绿泥石、绢云母和粉砂级的长石、石英颗粒。砂粒部分，石英含量超过长石和岩屑。通常存在许多不同类型岩石的碎片，而且细粒沉积岩和变沉积岩占优势。一些岩屑砂岩中，火成岩的碎屑常见，特别是较酸性喷发岩和安山岩的碎屑。

许多杂砂岩发育在各种类型盆地的浊流沉积物中，如远离大陆边缘的弧后盆地、弧前盆地，而且与火山岩相联系。例如皖南新元古代沥口群中广泛发育浊流沉积成因的杂砂岩。

6. 泥岩

泥岩主要由黏土矿物和粉砂级的石英组成，人们将具有纹层以及有页理构造的泥岩称为页岩。

泥岩是地球上最丰富的岩石，占沉积岩的45%～55%。泥岩形成于各种环境，主要是河流的洪泛平原、湖泊、大的三角洲、陆棚的远端、盆地斜坡和深海底部。

泥岩在野外可以描述为泥岩、页岩、黏土岩和粉砂岩，进一步的划分是根据颜色、易裂程度、沉积构造，以及矿物、有机质和化石含量。泥岩分类见图3.5。

泥岩的用途很广泛，如陶瓷、建筑、耐火材料等。泥岩中也有镍、铜、铀、钒、铅、铂等金属和贵金属矿床。近年来，随着页岩气的开发，泥岩在能源勘探领域的意义显著增大，对其研究也日益加强。

7. 碳酸盐岩

碳酸盐沉积物主要是生物和生物化学成因。碳酸盐岩占沉积岩总量的20%。在我国，沉积岩占全国面积的75%，而碳酸盐岩占其中的55%。碳酸盐岩分布的时代广泛，从早元古代到新近纪。碳酸盐岩中蕴藏有丰富的矿产资源，其中世界50%的油田产在碳酸盐岩中。另外，碳酸盐岩中也蕴藏层状的铜、铅、锌等金属矿床。此外碳酸盐岩本身就是重要的矿产资源，如石灰岩是水泥原料。

碳酸盐岩结构众多，这与成因关系密切，包括粒屑结构、生物骨架结构、泥晶、微晶结构、晶粒结构。粒屑结构中，碳酸盐岩由粒屑、泥晶基质、胶结物和孔隙构成，其中粒屑主要包括内碎屑、骨屑、鲕粒、豆粒、球粒、团块、核形石。

生物骨架结构是由原地生长的造礁生物构成的岩石骨架，也称为骨架岩，另外有障积岩、粘结岩等。

泥晶结构是指由方解石灰泥或者微晶组成的岩石。

石灰岩经过强烈的重结晶，常常具有明显的晶粒结构，进一步可以分为巨晶、粗晶、中晶和细晶。

碳酸盐岩中的构造主要有层面构造、古喀斯特构造、硬底构造、帐篷构造、鸟眼构造、叠层石构造、晶洞构造等。

碳酸盐岩首先按照成分为石灰岩和白云岩两种基本类型。碳酸盐岩进一步的分类主要有Dunham的结构分类（图3.7），这也是目前比较广泛使用的分类。

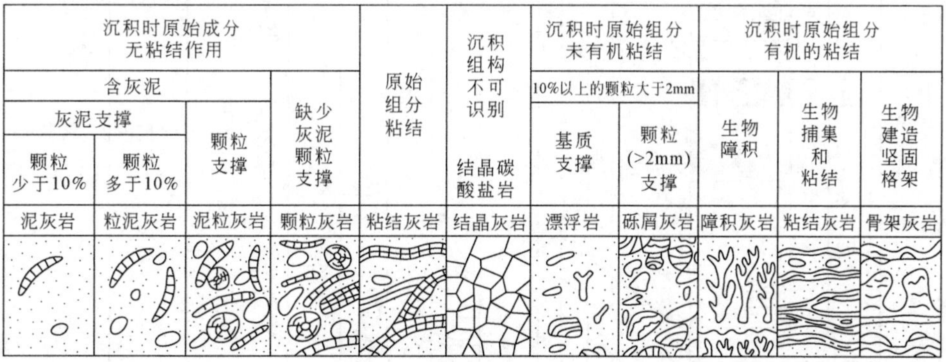

<table>
<tr><td colspan="4">沉积时原始成分
无粘结作用</td><td rowspan="4">原始
组分
粘结</td><td rowspan="4">沉积
组构
不可
识别
结晶碳
酸盐岩</td><td colspan="2">沉积时原始组分
未有机粘结</td><td colspan="3">沉积时原始组分
有机的粘结</td></tr>
<tr><td colspan="3">含灰泥</td><td rowspan="3">缺少
灰泥
颗粒
支撑</td><td colspan="2">10%以上的颗粒大于2mm</td><td rowspan="3">生物
障积</td><td rowspan="3">生物
捕集
和
粘结</td><td rowspan="3">生物
建造
坚固
格架</td></tr>
<tr><td colspan="2">灰泥支撑</td><td rowspan="2">颗粒
支撑</td><td rowspan="2">基质
支撑</td><td rowspan="2">颗粒
(>2mm)
支撑</td></tr>
<tr><td>颗粒
少于10%</td><td>颗粒
多于10%</td></tr>
<tr><td>泥灰岩</td><td>粒泥灰岩</td><td>泥粒灰岩</td><td>颗粒灰岩</td><td>粘结灰岩</td><td>结晶灰岩</td><td>漂浮岩</td><td>砾屑灰岩</td><td>障积灰岩</td><td>粘结灰岩</td><td>骨架灰岩</td></tr>
</table>

图3.7 石灰岩的结构分类（据Dunham，1971）

8. 沉积岩的野外工作内容

1）沉积岩野外研究模式

（1）在野外记录本上，以笔记、素描和照片的方式，记录研究区的位置和地层的详细信息；通常需要作一个柱状剖面图（图 3.8）；如果岩石发生了褶皱，需要确定地层的新老关系。

（2）通过观察岩石的组分和矿物特征确定岩性。

（3）观察岩石的结构：粒度、形状、磨圆度、分选性、组构和色彩。

（4）在岩层顶面、底面以及岩层内部寻找沉积构造。

（5）纪录沉积地层和岩石单元的几何形态；确定它们之间的关系，地层、单位的组合形式或垂向粒度、岩性上、地层厚度的主要变化；是否为旋回序列？

（6）化石搜寻工作，并记录出现的化石类型，赋存状态和保存状况。

（7）测量所有指示古水流方向的构造。

（8）在今后的研究中，要考虑岩相、旋回序列、沉积过程、环境解释和古地理环境。

（9）开展实验室工作，以确认和扩展对岩石组成/矿物学特征、结构、构造、化石等野外观察的认识；寻找其他的调查线索，如沉积物的生物地层，成岩作用和地球化学特征，并阅读相关文献，例如：沉积学、沉积岩石学教材和相关期刊。

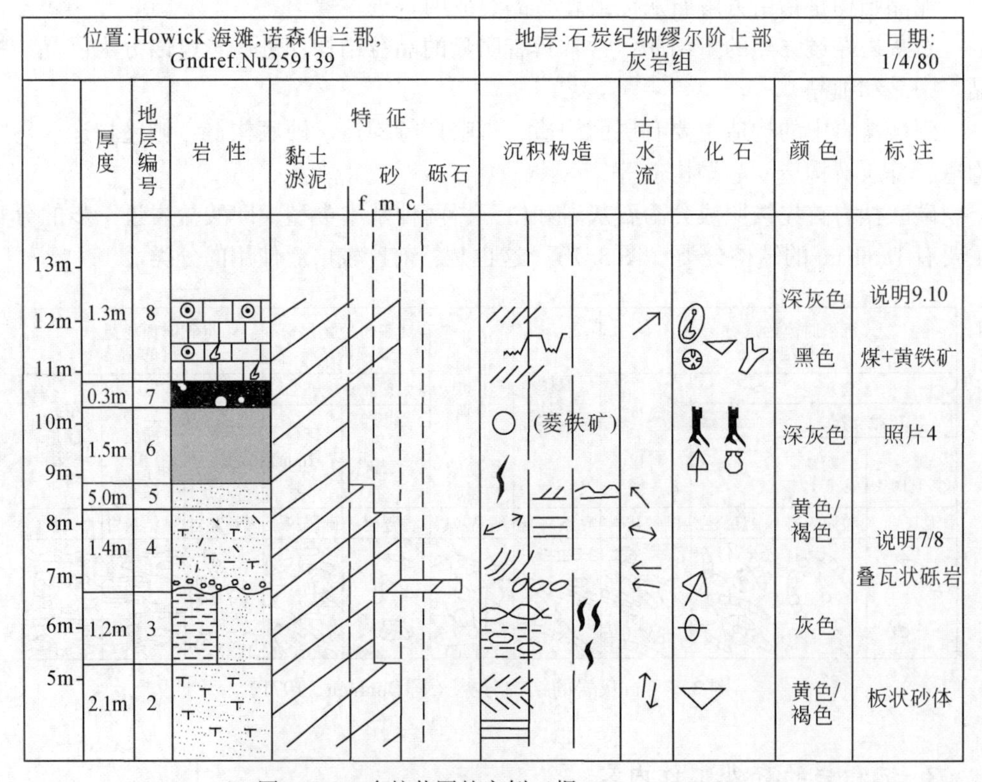

图 3.8　一个柱状图的实例（据 Tucker，2003）

2）沉积岩的野外描述

（1）颜色。沉积岩的颜色是最好使用彩色图表记录，应尽量描述其鲜艳色，当风化色与鲜艳色有明显差异时，二者都应描述。

(2) 结构。①碎屑岩的结构：着重描述碎屑岩的粒度（表3.3），分选性和磨圆度、粗颗粒的形态特征，以及填隙物的结构和胶结物类型等，选择代表性样品进行粒度分析并求出粒度参数。②碳酸盐岩的结构：结构类型分粒屑（或称颗粒或异化粒）结构、微晶结构、生物骨架结构、晶粒结构。粒屑结构进一步根据粒屑的种类细分为内碎屑结构、生物屑结构、鲕粒结构、核形石结构、球粒结构、团块结构，对晶粒和内碎屑根据它们的大小进一步细分。

(3) 构造。沉积岩的构造类型，是确定地层顶底和地层层序、判别沉积物搬运方式和沉积方式、沉积介质的性质及流体的动力状态，恢复沉积环境的重要标志。

常见重要沉积构造的观察描述要点：

①斜层理

- 形态特点（板状、楔状或槽状），应在两个不同方向的断面上观察；
- 细层、层系、层系组的厚度；
- 测定细层（前积纹层）和层系组的产状，并确定古流向。

②波痕（图3.9）

- 波长（L），是垂直两个相邻波峰之间的水平距离；
- 波高（H），是谷底至脊顶的垂直距离；
- 波痕指数（$RI=L/H$）；
- 不对称指数 *ESI*（波痕迎水坡水平长度 $L1$/波痕背水坡水平长度 $L2$）；
- 波脊线的形态特点（直线形、波曲形、弯曲形）、舌状（脊线向背水坡方向弯曲）或新月状（脊线向迎水坡方向弯曲）；
- 波痕的成因类型（如流水波痕、浪成波痕、风成波痕等）。

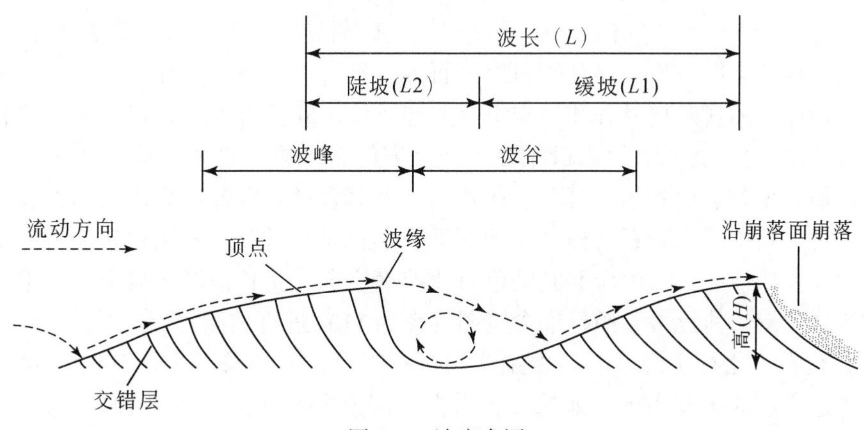

图3.9　波痕术语

③古流向。主要依据能反映古流水特征的沉积构造来测定，主要有斜层理、流水波痕、槽模、沟模以及叠瓦构造等。在实测地质剖面和路线地质调查时，发现岩层中

有此类沉积构造，都应做古流向的测定工作。

交错层理的前积纹层倾斜方向指示古流向，必须通过两个不同方位的岩层断面观察，准确测定斜层理前积纹层的真倾向与真倾角。对于槽状斜层理，要测出沿槽轴方向前积纹层的倾斜与倾角，同时还要测出所在岩层的产状，根据岩层产状对前积层的倾向进行方位校正，以求出岩层水平产状时的古流向（图 3. 10）。

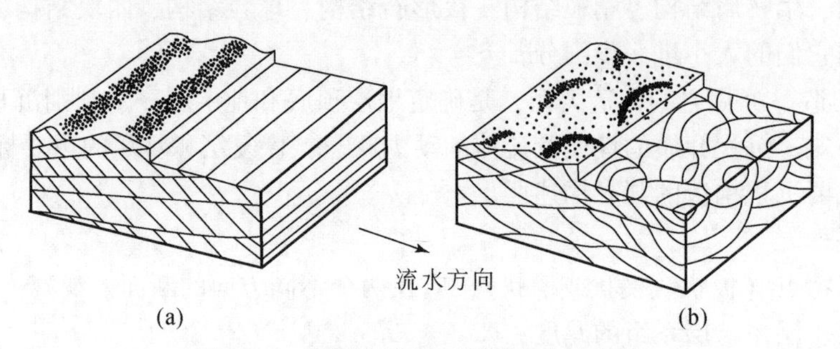

图 3. 10　根据交错层理判别古水流方向

④沉积岩单层厚度。用卷尺测量地层的厚度；在岩石高角度倾斜的地区，以及出露面垂直层理的地区应当注意。划分标准如表 3. 5 所示。

表 3. 5　沉积岩单层厚度分类

层	巨厚层	厚层	中层	薄层	极薄层
厚度/mm	>1000	1000 ~ 300	300 ~ 100	100 ~ 10	<10
纹层	巨厚纹层	厚纹层	中纹层	薄纹层	极薄纹层
厚度/mm	>30	30 ~ 10	10 ~ 3	3 ~ 1	<1

（4）物质成分。①碎屑岩。应观察和描述碎屑颗粒、胶结物、杂基的含量与特征，对碎屑颗粒应进一步描述其碎屑组分石英、长石、岩屑的特征和含量。②碳酸盐岩。应观察和描述其矿物成分和结构组分的特征和含量，结构组分划分为：粒屑（或称颗粒或异化粒）、亮晶方解石胶结物、微晶方解石基质、粒屑还应进一步描述其种类（内碎屑、鲕粒、生物屑、球粒、团块等）及其含量；碳酸盐岩中的白云岩、方解石的含量、野外主要靠岩石与稀冷盐酸的反应强烈程度以及岩石风化表面刀砍状溶沟的发育程度大致估计，室内应磨制染色薄片准确鉴定。③其他沉积岩类。按常规观察描述。成分含量的估计可参照标准含量图（图 3. 11）进行估测。

（5）化石。化石应记录岩石中主要的化石组合，常用符号见图 3. 12，可以放置在沉积构造旁边的化石栏中。如果化石占据大部分岩石（如一些灰岩），那么，主要组（S）的符号可用于岩性栏。在含有丰富的大型化石，直接接触或在基质支撑组构的岩石中，可以为浮岩和粘结岩指定特别的次专栏结构柱状图。对化石本身的观察应记录在野外记录本中。

（6）岩层间接触关系。观察描述接触关系类型（整合、平行不整合、角度不整

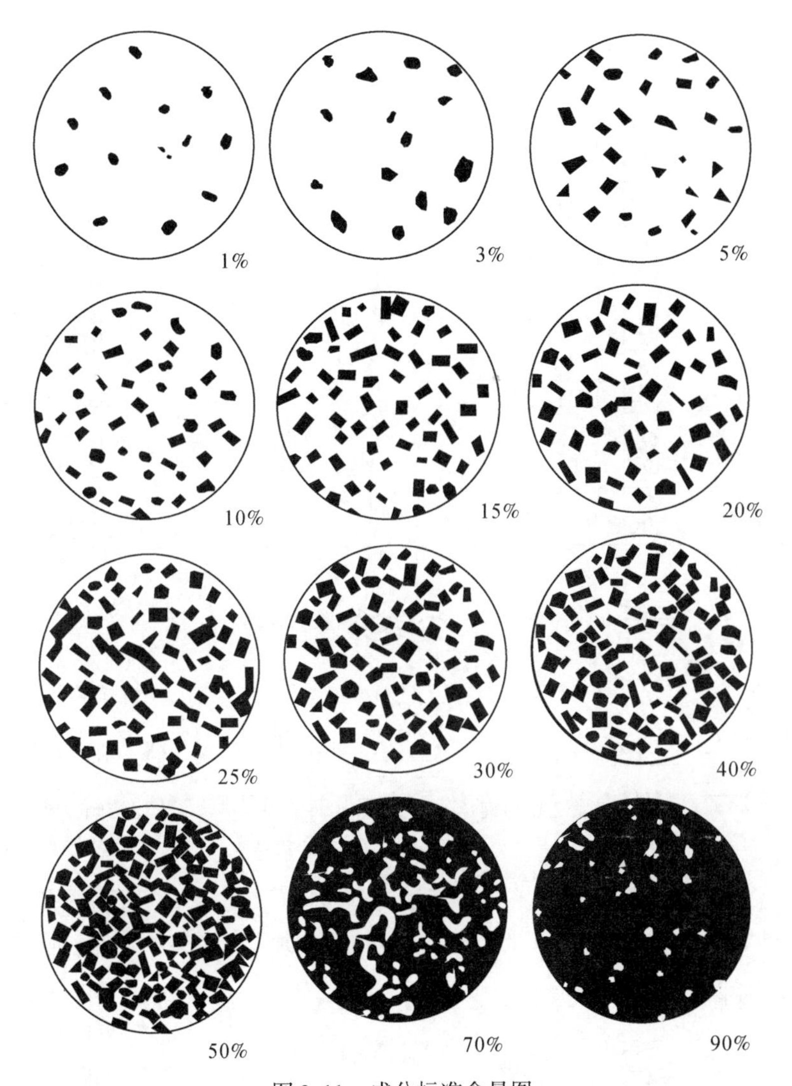

图3.11　成分标准含量图

合、侵入接触、断层接触等）及其判别标志。判别标志重点为：岩层界面的上下岩层产状是否一致、是否存在风化壳（如铁锰层、钙结壳等）、是否具底砾岩、是否缺失化石带。如存在底砾岩应作详细观察描述。

另外，沉积岩通常容易发生褶皱，野外出露很少，特别是垂直地层发育的地方，地层的顶部和底部就不容易区别。这种情况下，可能需要确定地层变新的方向。地层的顶面可以根据许多沉积构造来推断（图3.1），包括交错层理，寻找交错层理的前积层；粒序层理，粗粒度在地层底部（尽管存在反粒序的可能性，特别是砾岩和极粗粒砂岩中）；冲刷槽、沟渠，地层底部以突变方式切入下伏沉积物，通常在界面的上部有更粗的颗粒，在界面的下部有更细的颗粒；干缩裂缝，尖端指向地层的下部；铸模构

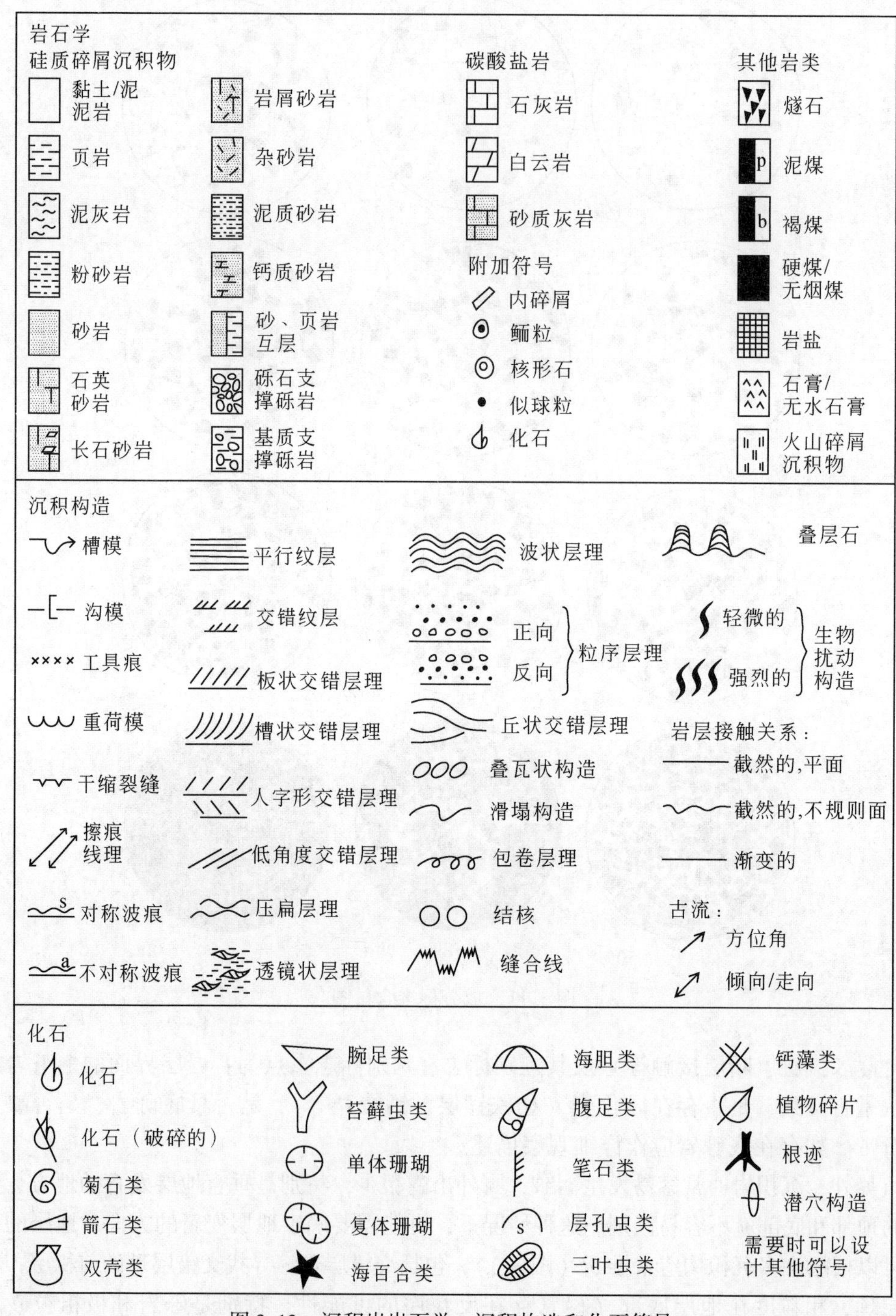

图 3.12　沉积岩岩石学、沉积构造和化石符号

造，通常是类似球状的砂体突入地层的下部，而泥质沉积物呈火焰状插入地层的上部。

灰岩由超过50%的方解石以及文石组成，野外常见的颜色是灰色，但是白色、黑色、红色、浅黄色、奶油色和黄色也很常见。使用浓度为5%的盐酸（HCl）滴在新鲜灰岩的表面，岩石会冒起泡。灰岩中常常出现化石。

白云岩由超过50%的白云石组成，在野外常常呈灰褐色，岩石表面具砂感和侵蚀纹数。白云石是奶油黄色或棕色，而且一般比灰岩要硬。它们与稀释酸反应不太强烈（如果先把白云石破碎成粉末状反应也会更强烈），但是与热的高浓度酸反应强烈。茜素红S在盐酸里能把灰岩染成粉红色到紫红色，而白云石不会染色。大部分白云岩的形成是靠取代灰岩，所以很多情况下原生构造保存很差。化石保存差并且出现晶簇（不规则的孔）是典型的白云石。

通过对上述的野外特征观察描述，可以给出系统分类命名。

3.2.2 岩浆岩野外工作方法

岩浆岩又称火成岩，占地壳岩石体积的64.7%。它由岩浆冷凝形成，是岩浆作用的最终产物。根据岩浆是否喷出地表可分为侵入作用和火山作用，其相应的形成岩石为侵入岩和喷出岩（或火山岩）两大类。现行的岩浆岩分类主要是按SiO_2的含量进行分类，可分为超基性岩（SiO_2<45%）、基性岩（SiO_2=45%~52%）、中性岩（SiO_2=52%~65%）和酸性岩（SiO_2>65%）。认识岩浆岩，是野外地质工作的一项重要内容。

1. 火成岩的野外工作内容

对于侵入岩的野外工作，主要包括以下几方面内容：①肉眼（借助于放大镜）鉴定岩石名称；②确定岩石的性质，如颜色、矿物成分、结构、构造等；③初步确定侵入岩产状；④侵入体与围岩的关系，初步确定侵入体形成的地质时代；⑤侵入体与成矿的关系，包括砂矿；⑥侵入体的地貌特征，风化侵蚀后所造成的景观，与水文地质（如裂隙性泉水的出露）及工程地质的关系；⑦侵入体的构造地质特点，脉岩的产状；⑧侵入体所在范围内的生物特点，特别是植被面貌。

喷出岩（或火山岩）的野外工作，主要包括以下几方面内容：①肉眼鉴定岩石名称；②确定岩石性质，如颜色、矿物成分、结构、构造等；③确定岩石的产状；④注意火山岩与相邻沉积岩的关系，初步确定其喷发时的地质年代，如遇到沉积凝灰岩，应注意其中的化石，以此鉴定火山岩系的地质时代；⑤如果发现火山岩系内有一套或几套沉积岩层出现（往往作为火山岩系内的夹层），则可确定火山喷发的次数或期数，划分出火山喷发期与间断期；⑥如果发现火山岩与侵入体共存，则应调查它们之间的先后关系；⑦注意火山岩系中的矿产；⑧识别火山岩系中的构造地质特点；⑨识别火山岩系的水文地质与工程地质的特点；⑩根据火山岩的名称、结构、构造、产状等特点，恢复古火山的位置，再造古火山的轮廓。

2. 火成岩的野外鉴定

火成岩的野外鉴定首先要分辨出侵入岩或喷出岩。这需要全面考虑岩石的产状和宏观特点、岩石的结构和构造特征。如果在野外观察到岩石与围岩呈侵入关系，在围岩与火成岩接触部位靠近围岩处见到烘烤带，靠近火成岩处见到冷凝带，在火成岩边缘有围岩的捕虏体存在，可以判断其为侵入岩；如果火成岩岩石呈层状，有气孔构造及流动构造，则是喷出岩；如果含有火山碎屑岩的夹层，则属喷出岩无疑；如果岩石为全晶质，颗粒粗大，则是侵入岩，而且是深成侵入岩；如果岩石是隐晶质或非晶质，则可能是喷出岩或浅成侵入岩。深成侵入岩、浅成侵入岩和喷出岩的特征如表 3.6 所示。

表 3.6 深成侵入岩、浅成侵入岩、喷出岩的产状、结构、构造的区别

特征	深成侵入岩	浅成侵入岩	喷出岩
产状	呈大的侵入体——岩基、岩株，部分呈岩盆、岩墙产出，接触带附近的围岩有明显的变质	多呈岩床、岩脉、岩墙产出，围岩可有狭窄的接触变质圈	呈层状或不规则状层状，火山锥、熔岩被。围岩一般无变质圈
结构	常具等粒（中、粗）全晶质结构，岩体中心可出现似斑状结构	多呈细粒或斑状结构，基质多为细粒到阴晶质	具斑状结构、隐晶质结构或玻璃质结构
构造	常具块状构造	块状构造，有时有少量的气孔，一般无杏仁状构造	常为气孔状、杏仁状、流纹构造

在区分出深成岩、浅成岩和喷出岩基础上，可进一步观察岩石的颜色、结构、构造、矿物成分及其含量，最后确定岩石名称。其鉴定步骤如下。

1）观察岩石的颜色（色率）

主要描述岩石新鲜面的颜色，也要注意风化后的颜色。火成岩的颜色在很大程度上反映了其化学和矿物组成。SiO_2 的具体含量肉眼难分辨的，但其含量多少往往反映在矿物成分上。一般情况下，SiO_2 含量高，浅色矿物就多，暗色矿物相对较少；反之，SiO_2 含量低，浅色矿物就少，暗色矿物则相对较多。暗色矿物和浅色矿物在岩石中所占比例是构成岩石颜色的主导因素。也就是说观察岩石的色率，即暗色矿物在岩石中的体积百分含量。所以颜色（或色率）可作为肉眼鉴定火成岩的特征之一。从超基性岩到酸性岩，岩石由深变浅。超基性岩色率>75，其颜色呈黑色、黑绿色、暗绿色；基性岩色率为 35～75，其颜色呈灰黑色、灰绿色；酸性岩色率<20，颜色呈呈肉红色、淡红色、白色、淡灰色；中性岩色率为 20～35，颜色多呈灰色，灰白色等。

当然，决定岩石颜色的因素除了暗色矿物含量外，颗粒大小也有关系，暗色矿物含量相同的岩石，粒度小的，在肉眼观察下要深得多，所以对于微晶、隐晶质的浅成岩类，不能仅按其颜色区分出酸、中、基性几个大类。但是，风化后的浅成岩类，其风化色仍有从酸性到基性颜色逐渐变深的现象，所以利用浅成岩风化后的颜色也可作为大致划分的标志。

2）鉴定岩石中的主要矿物

火成岩的主要矿物是指在岩石中含量较多，是确定岩石名称不可缺少的矿物，如橄榄石、辉石、角闪石、黑云母、斜长石、钾长石、石英等。其中前 4 种矿物中铁、镁含量高，色深，称为暗色矿物（铁镁矿物）；后 3 种矿物中硅、铝含量高，色浅，称为浅色矿物（硅铝矿物）。这 7 种矿物在不同种类岩石中的组合和相对含量都不相同，因此在岩浆岩标本鉴定时，主要任务之一就是正确鉴定出岩石中这些矿物。

暗色矿物中橄榄石常呈翠绿色等粒状集合体出现，不难与黑色柱状的辉石或角闪石相区分。

辉石和角闪石都是暗色柱状矿物，野外肉眼观察难以辨认，但角闪石的条痕（粉末）带绿色色调，而辉石（除去无色透辉石外）的条痕多带褐色色调。角闪石的光泽、解理完全程度和辉石相差不多，肉眼观察时可先在反射光下看到一个平行柱面断开的晶体的一组反光良好的解理面（呈比较密集的不规则阶梯状—不完全解理），然后在眼睛注视下用手旋转标本，直至观察到第二组反光良好的不规则阶梯状解理面。由第一组解理面到第二组解理面之间旋转的角度就是辉石或角闪石的两组解理的夹角。如果这个夹角近 0°，则矿物为辉石；如果这个夹角呈钝角或锐角则是角闪石。如果能看到较好的晶体横断面，则辉石大多呈近正方形或近正方形的八边形；角闪石的横断面呈菱形或近菱形的六边形。但两者的横断面形态及其解理的交角大小，野外往往做不到这一点。

黑云母常为片状，棕黑色，硬度低，较易识别。需要注意的是，在一些比较细粒的岩石中，角闪石有时与黑云母容易相混。这时，往往要综合考虑它们的特征：新鲜角闪石硬度大，小刀不易刻划；黑云母硬度小，小刀刻划即可获得细小的鳞片状粉末。此外角闪石常带绿色色调，玻璃光泽到半金属光泽，黑云母带褐色色调，在解理面上可见珍珠光泽。

浅色矿物长石为玻璃光泽，有完全解理，石英断口为油脂光泽，高透明度，无解理，两者易于区别。斜长石和钾长石的区别是，前者解理面上有平行而密集排列的细纹（即双晶纹），后者没有细密的双晶纹。如果两种长石同时存在，一般白色者为斜长石，肉红色者为钾长石。

表 3.7 详细地叙述了火成岩手标本中矿物的典型特征。

表3.7 火成岩手标本中常见矿物及其典型特征

矿物类别	矿物	特征
酸性矿物	石英	无色或白色的（但可能会有色杂质），无解理，硬度7。在矿脉中可能看起来乳白色
	长石类	发育较差的两组解理，夹角大约90°
	正长石	粉红色，有时可见简单的双晶，硬度6~8
	微斜长石	白色，硬度6~7
	斜长石	白色（透明的灰色，如果未改变），几乎不可见双晶，硬度7
	霞石	白色至浅灰色，两组不完全解理，硬度5.5~6
	白云母	银灰色至白色，一组极完全解理，片状晶体，解理面光亮，硬度2~3
基性矿物	角闪石	暗绿色至黑色，60°解理（很难看到），晶体有时细长，硬度5~6
	辉石	暗绿色至黑色，90°解理（很难看到），硬度5~6
	橄榄石	草绿色或更暗，等轴的晶体，无解理，硬度6~7
	绿泥石	浅绿色，硬度2~3
	黑云母	深褐色至黑色，一组极完全解理，可出现片状晶体，解理面有光泽，硬度2~3
	电气石	通常是黑色的，但也可能是蓝色，红色或绿色。长而细的晶体，有时有纵向条纹。硬度7
副矿物	石榴石	红色或绿色，等轴晶体
	磷灰石	浅绿色-微黄，不完全解理。可能呈六角形，有时纤维状。硬度5
	榍石（榍）	无色至黄色，绿色或褐色。一组完全解理。常为自形斜方晶体。硬度5
	白榴石	白色或灰白色，无解理。在碱性熔岩中往往呈自形偏方三八面体晶体。硬度5.5~6
	不透明矿物（主要是金属氧化物或硫化物）	金属光泽（一些氧化物是有光泽的黑色）。各种颜色
	火山玻璃（非矿物）	棕黑色，无定形，往往贝壳状断口。可能由不定形析晶演变为细晶，羽毛状内部结构。
次生矿物	方解石	白色或无色，经常看到三组解理（但夹角不是90°），硬度为3，遇稀HCl起泡
	绿帘石（蚀变岩）	苹果绿色，可变的但往往是细长的晶体。硬度为6~7
	绿泥石	绿色至暗黄绿色。由于极完全解理通常呈薄片状。硬度2~3
	沸石	通常发白，细纤维生长在连接面或在小囊泡中（杏仁体）。硬度5~6

3）矿物成分的含量估算

知道了矿物组成以后，确定矿物含量，对于火成岩准确定名是十分重要的。在野外工作确定火成岩中矿物成分的含量有两种方法。

(1) 目估法：是用野外估计岩石中矿物的含量，其准确性与经验有关，误差较大。目估矿物含量时，由于暗色矿物比较醒目，所估含量往往偏高，这应当避免。在确定某种矿物的相对含量时，可参照标准含量图进行估测（图3.11）。

（2）直线法：是在野外选定的有代表性露头上，用小钢尺测量若干平行直线段上某矿物的长度并作出记录，然后根据下式求出欲测矿物的体积百分含量。

某矿物在岩石中体积百分含量=该矿物所测的总长度÷测线总长度×100%

原则上，直线段越长，测得的结果越准确。一般测线总长度不应小于矿物颗粒粒径的100倍，线段间距不应小于矿物的平均粒径。

4）火成岩的结构与构造鉴别

岩石的结构是指矿物的结晶程度、晶粒大小、晶体形态和晶粒间的相互关系，构造是指矿物集合体的形态、大小、空间分布。通常情况下，岩石的结构决定于岩浆成分与岩石形成时的物理化学条件，如温度、压力、浓度、冷却速度等，而岩石的构造则以地质因素为主要条件，如构造运动、岩浆的流动等。所以，结构构造是识别岩石与分类命名的一个重要标志。

岩石的野外结构观察主要包括以下内容：

（1）岩石的结晶程度，指岩石中结晶物质的发育程度，按岩石中晶质和非晶质（玻璃质）比例可分为以下几种。

全晶质结构：岩石中的矿物全部都形成晶体，多出现在侵入岩中，例如花岗岩。

半晶质结构：岩石中既有结晶的矿物又有非晶质的玻璃，浅成岩和部分喷出岩具有这种结构。

玻璃质结构：岩石中的矿物全部都是非晶质的，跟玻璃十分相似，主要见于火山喷出岩。

（2）晶粒大小的观察，凡凭肉眼（肉眼可辨的颗粒大小为0.1～0.2mm）或借助于放大镜可见到矿物颗粒的称显晶质结构。肉眼或放大镜下不能见到，只有在显微镜下才能见到矿物颗粒的称隐晶质结构。

按粒度按大小可分为：粗粒结构，矿物颗粒直径>5mm；中粒结构，矿物颗粒直径5～1mm；细粒结构，矿物颗粒直径1～0.1mm；微粒结构，矿物颗粒直径<0.1mm。

粒径大小的度量，以岩石中有代表性的颗粒长轴为准，通常度量长石或石英。如果岩石以暗色矿物为主，则度量有代表性的暗色矿物。如果岩石中主要造岩矿物粒度大致相等，称为等粒结构；如果大小不等且成连续变化，则称为不等粒结构；如果粒径大小相差悬殊，且无过渡粒径颗粒则称为似斑状或斑状结构（图3.13）。

（3）晶体完整程度的观察，岩石中矿物外形的完整程度是不同的，按其自形程度可分为三种。

自形晶：具完整的晶形，这种晶体多半是在有足够的空间允许其充分生长的条件下生成的，如斑状结构岩石中的斑晶，如果岩石中大多数矿物是由自形晶组成，就称为全自形结构。

半自形晶：晶体部分为完整的晶面，部分为不规则的轮廓，这说明在结晶时结晶中心较多矿物都在晶出，条件不允许它们充分发育。如果岩石中大多数矿物具半自形

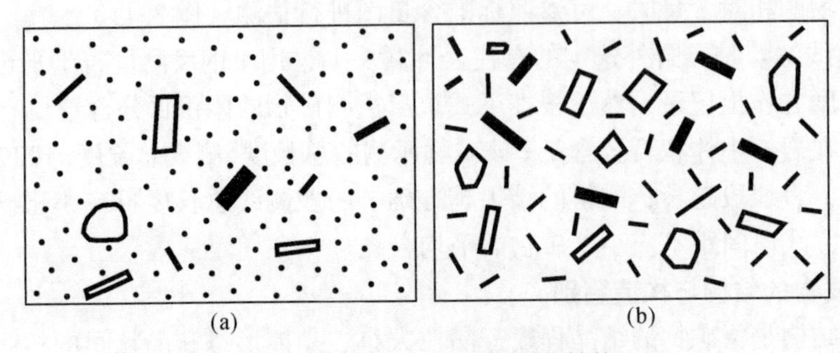

图 3.13　斑状结构（a）和似斑状结构（b）

晶，则称为半自形结构。大多数深成岩和浅成岩具这种结构。

他形晶：无完整晶面，形状为不规则的，充填在其他已经析出的矿物颗粒空隙之间。如果岩石中大多数矿物为他形晶，则称为全他形结构。

火成岩中比较常见的构造类型有以下几种：

块状构造。这是由于岩石中的矿物组分均匀分布所造成的一种构造，十分普通，侵入岩与喷出岩类中均有所见。

球状构造。这是一些矿物围绕着某些中心，呈同心状分布而形成一种球体状的构造，最多的见于一些花岗岩类岩石中。

气孔和杏仁状构造。常见于火山喷出岩中，当岩浆沿地壳裂隙喷溢于地表，在流动冷凝过程中，所含的挥发物质向外逸散，留下空洞（有圆形、椭圆形及其他不规则的形状），就形成气孔状构造。当气孔构造被后来的其他矿物（如沸石、方解石）充填，在暗色岩体上显示出白色或其他浅色的斑体，形似杏仁，故称杏仁状构造，玄武岩类、安山岩类岩石中常有所见。

晶洞构造。岩浆冷凝收缩形成的浑圆状空洞，内常生长有矿物晶族（最多的是石英）。

枕状构造。海底基性熔浆喷发时，由于熔浆受海水的淬火冷却很难远距离流动，而呈团块状堆积于火山口附近，形成枕状构造。

流纹状构造。多见于火山喷出岩。当岩浆流溢于地表，由于其中的矿物具有色调的差异性，在流动过程中，造成条带状构造，最典型的是流纹岩。

柱状节理。大陆上基性熔浆常常沿巨大的断裂带喷出形成裂隙式喷发，熔岩大面积铺盖地面，冷凝后形成熔岩被。因岩被常发育多边形裂隙，因裂隙面常垂直冷凝向下延伸，将玄武岩层切割成多边形柱体。

5）火成岩野外定名

知道了矿物组成之后，再通过岩石结构构造的判别，即可命名岩石。例如，花岗岩和花岗斑岩的差别不在于矿物组成，而在于结构；前者为显晶质、等粒或似斑状结构，后者为隐晶质、斑状结构。闪长岩与闪长玢岩的区别与此相似。喷出岩中基质的矿物成分难以鉴定，可根据斑晶的矿物成分，并结合岩石的颜色、构造定名。对于具有明显斑状结构的熔岩，如斑晶为石英、钾长石、黑云母，颜色浅，常见流动构造，可定为酸性熔岩类（流纹岩）；如斑晶为斜长石、角闪石，岩石暗，可定为中性熔岩类（安山岩）；如岩石中见较多辉石斑晶，颜色为黑色，则可能为玄武岩。

火成岩主要类型及其主要特征见表3.8。

表3.8　火成岩类型及其特征

岩石类型		超基性岩	基性岩	中性岩	酸性岩
SiO_2含量		<45%	45%~52%	52%~65%	>65%
主要矿物		橄榄石、辉石	拉长石、辉石、少量角闪石	中长石（碱性长石）、角闪石、黑云母	钾长石、钠长石、石英、黑云母
色率		>75	75~35	35~20	<20
喷出岩	岩流、岩被、斑状或隐晶质结构，气孔、杏仁、流纹构造	科马提岩	玄武岩	安山岩（粗面岩）	流纹岩
浅成岩	斑状、细粒或隐晶质结构	少见	灰绿岩	闪长玢岩（正长斑岩）	花岗斑岩
深成岩	全晶质、粗粒或似斑状结构	橄榄岩、辉石岩	辉长岩	闪长岩（正长岩）	花岗岩

注：所有呈脉状产出的浅成岩，称为脉岩，如岩墙、岩床等，本表未反映这一产状特征。另外，本表仅列出中性岩类，其他未一一列出，如碱性岩（由碱性长石、碱性角闪石、碱性辉石等碱质较高的矿物所构成的一类岩石）。

6）火成岩的产状野外研究

火成岩的产状，是指火成岩体在地壳中空间分布状态，也就是野外所看到的整个岩体的模样。它是火成岩发育地区野外所必须调查的内容。火成岩体产状的具体内容，包括岩体的大小、形状及其与围岩之间的关系，这是由构造环境的特点所决定的。

（1）火山岩的产状。火山岩的产状包括火山锥、火山颈、火山口、熔岩流等。火山喷发的固态或液态物质堆积成圆锥形称火山锥。火山物质从地下涌出地面的通道为火山通道。通道内冷凝的桶状熔岩称火山颈（图3.14）。火山物质溢出地面的位置叫火山口。熔浆流出火口后，沿山坡或沟谷形成熔岩流。

（2）侵入岩的产状。侵入岩的产状主要包括以下几类。

岩基　出露面积大于100 km^2的深成侵入岩，与围岩呈不协调接触，平面上呈椭圆形，通常向一个方向延伸，与褶皱山脉走向一致。一般由中酸性岩浆形成。

岩株　出露面积小于100 km^2的深成侵入体。平面上多呈近圆形或不规则状，接触面陡立，似树枝状延伸，又称岩干。岩株与围岩呈不协调接触，岩株可单独产出，但下部常与岩基相连。

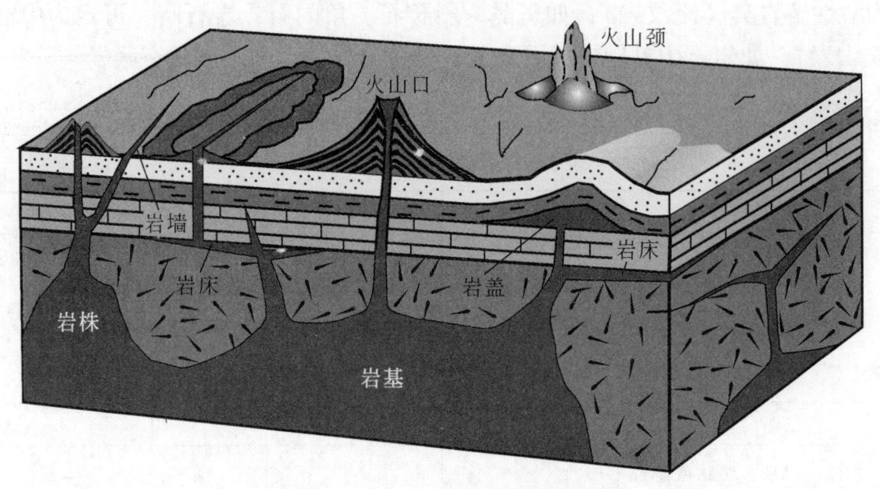

图 3.14 火成岩产状综合示意图

岩墙或岩脉 岩浆沿断裂机械挤入并占据一定空间冷凝形成与围岩产状不一致的侵入体称不整合侵入体。其厚度变化较大，通常将厚而较规则的称岩墙，薄而较复杂的称岩脉。岩墙常成群出现，可相互平行，也可为放射状及环状。

岩床 这是一种沿着地层层面入侵的侵入体，往往夹在上下两个沉积岩（或火山岩、变质岩）层之间，具有一定厚度，延伸较为稳定，一般多由基性岩组成。岩床的规模不大，一般在数十至数百米的露头上就能见到，但也有数千米者。

岩盖 其基本形态与岩床相同，只是其中心部位厚度较周围为大。

岩盆 其基本形态亦与岩床相同，只是其中心部位下凹，呈盆的形状。

7）侵入体与围岩接触关系的野外研究

研究接触关系的主要目的是确定岩体的相对时代、岩体产状、成因及寻找某些矿床。接触关系根据接触界线的明显程度分为急变和渐变接触两类。二者之间有过渡类型。

接触关系按成因分为沉积（超覆）、断层、侵入接触三类（图 3.15）。一般说来急变接触是侵入接触和断层接触的主要特点。侵入岩与围岩接触关系的判定主要靠野外观察。

侵入接触是岩浆侵入围岩而形成的接触关系，说明岩体时代较围岩晚。其主要野外标志有：①岩体边部粒度变细，具冷凝边或冷凝带；②在岩体内或与围岩接触处常有围岩的捕虏体；③从平面上看岩体与围岩接触线不平直，局部成港湾状切割围岩；④有岩枝或与侵入体有成因联系的脉岩、矿脉穿入围岩；⑤岩体边部如果具有流动构造，则大多平行于接触面；⑥围岩有接触热变质或交代蚀变现象，并随远离岩体而减弱和消失；⑦在一些情况下岩浆是强行侵入的，围岩产状和构造形态受到干扰和破坏。

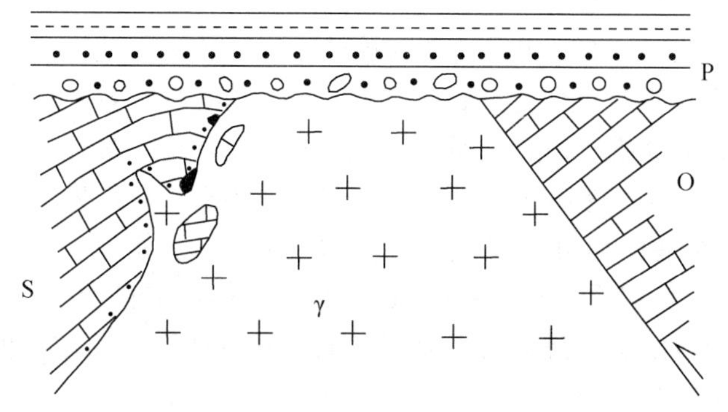

图 3.15　侵入岩体与围岩的接触关系

断层接触的主要野外标志有：①沿接触带岩体和围岩（或者其中之一）有挤压、破碎痕迹，常见断层角砾岩带、糜棱岩带或片理化带；②破碎同时伴随各种热液蚀变甚至矿化作用，如绿帘石化、绿泥石化、绢云母化、硅化等，有时石英脉发育；③接触线一般平直，围岩可切过岩体不同相带，或切过流动构造、脉岩等。

沉积接触是指侵入体形成后遭受风化剥蚀，又为新的沉积层所覆盖，说明侵入体的时代较围岩时代老，其野外主要标志：①侵入体与围岩之间有古风化壳或侵蚀面，在围岩中常含该侵入体的砾石或某些矿物碎屑；②围岩未受到任何侵入作用的影响，如围岩无热变质现象，围岩产状和构造形态未受干扰；③围岩层理平行于接触面。

3.2.3　变质岩野外工作方法

1. 变质岩的一般特征

由于温度（T）、压力（P）的改变和化学活动性流体的作用，使固态岩石的矿物成分、化学成分、结构和构造都发生了变化，这种地质作用叫变质作用。由变质作用所形成的岩石称为变质岩。变质岩是组成地壳三大岩类之一，占地壳总体积的 27.4%，其中片麻岩占 21.4%，片岩占 5.1%，大理岩占 0.9%。变质岩石类型众多，可形成于不同时期和不同地区，既可出露于古老的结晶基底——地盾或地台，也可出现于较新的变质活动带，分布遍及大陆和海洋。

我国变质岩的分布也极为广泛，从太古代到中新生代不同时期，都有变质作用发生。太古代变质岩系主要分布于华北陆台，由麻粒岩相—角闪岩相变质岩组成，并伴有大量花岗质岩石，构成了中国最古老的陆核。元古代变质岩系分布情况比较复杂，早元古期变质岩石分布于华北陆台北西侧，见于塔里木、阿拉善等地，在扬子地台西南缘和北缘也有零星出露，如川西的康定群、滇西的哀牢山群、湖北的桐柏群、崆岭群等。中晚元古期变质岩主要分布于扬子变质区（扬子陆台）。显生宙变质岩系的分布规模较小，在加里东期、华力西期、印支期、燕山期和喜马拉雅期都有变质作用发生，形成了各种类型的变质岩。

变质岩形成于地壳深部，由于后期的抬升、剥蚀才出露地表。因此，变质岩可看作是来自地壳深部的使者，给我们带来了地壳深部的各种信息。研究变质岩具有多方面的意义。通过典型变质矿物的识别可以了解地球深部地质过程，例如代表高压环境的蓝闪石和红帘石，代表超高压环境的柯石英和金刚石；可以恢复原岩，例如石灰岩（沉积岩）通过重结晶作用可以形成大理岩（变质岩）；阐明变质作用机制和过程；寻找矿产资源（“玉自变质来”，各种名贵宝石，原料均来自变质岩。多数金属矿产，都经历过变质，变质使矿变富变大。前寒武纪含铁石英岩型铁矿占世界铁储量70%，我国的鞍山式铁矿属此类型）。

野外鉴别变质岩的方法、步骤与前述岩浆岩类似，主要根据构造、结构和矿物成分。变质岩是变质作用的产物。因而它在矿物成分、结构构造上与原有岩石相比，既有明显的继承性又有一定差异性，变质程度直接影响到原岩改变的程度和变质岩的特征。

2. 变质岩的矿物成分

变质岩是地壳中的先存岩石（岩浆岩、沉积岩及早先的变质岩）经复杂变质作用的产物。因而矿物组成既与岩浆岩、沉积岩有密切的继承关系，又可形成一些新的矿物组合。矿物种类比岩浆岩、沉积岩更为复杂多样。这里需要指出，原岩为火成岩的叫正变质岩，原岩为沉积岩的叫副变质岩。

岩浆岩中的主要矿物如长石、石英、云母、角闪石、辉石等，在变质岩中也是主要矿物，但它们在变质岩中的含量变化范围很大。这主要是由变质岩的化学成分范围较宽决定的。变质岩的化学成分主要由 SiO_2、TiO_2、Al_2O_3、Fe_2O_3、FeO、MnO、MgO、CaO、Na_2O、K_2O、P_2O_5、H_2O 及 CO_2 等氧化物组成。与岩浆岩、沉积岩相比，变质岩中主要氧化物如 SiO_2、Al_2O_3、Fe_2O_3、FeO、MnO、MgO、CaO、Na_2O、K_2O、P_2O_5 等的变化范围要大，与它们在岩浆岩和沉积岩中变化的总范围相当。如正常的岩浆岩中石英很少超过50%（一般不超过30%），而在变质岩中石英可高达95%以上。其次，变质岩与岩浆岩矿物成分的差异还与变质岩矿物生成温度比岩浆岩的低有关。如在基性岩浆岩中，辉石远远多于角闪石；而在基性变质岩中，虽然有时也出现辉石，但普通角闪石和绿泥石是普遍的。沉积岩的主要矿物（方解石、白云石等）也是变质岩的主要矿物，而典型的沉积矿物如黏土矿物、海绿石等为沉积岩所特有，仅在变质较浅时可作为残余矿物在变质岩中出现。

变质岩中除了含有一些继承矿物外，还含有一些特有的，只有变质作用能形成的，并且大量存在的变质矿物。变质矿物的种类与变质程度有关。属于低级变质的矿物主要有绢云母、绿泥石、蛇纹石、红柱石、滑石等；属于中级变质的矿物主要有云母、硬绿泥石、透闪石、阳起石、绿帘石、蓝晶石等；属于中-高级变质的有石榴石、透辉石、斜长石等；属于高级变质的有夕线石、紫苏辉石及正长石等。这些矿物根据主要鉴定特征即可确定（表 3.9）。如石榴石具有褐-红色、粒状晶形和无解理，在手标本断面上往往显示凸出的具多个晶面的晶粒。符山石断面呈浅黄绿色，四边形断面，长柱状且柱面具纵向晶面花纹。红柱石虽也呈假正方形断面，但矿物颜色为灰白色，而且晶体常含碳质包裹体而使其颜色变深。透辉石和透闪石两者的颜色较浅，可以借此区分岩浆岩中的普通辉石和普通角闪石，而且该区分原则也适用于透辉石和透闪石。蓝晶石具有淡蓝色和硬度异向性，十字石的柱状晶形和十字形双晶均十分特征。

表 3.9　一些常见的变质矿物的野外现场鉴定特征

矿物（简称）化学式	颜色、光泽	典型特征	解理、双晶	硬度
石英（Qtz） SiO_2	灰色，油脂光泽或玻璃光泽，矿脉中呈白色。	有间隙，不规则粒状	无	7
钾长石（Kfs） $KAlSi_3O_8$	粉红色，白色或灰色；玻璃光泽，但当风化后白垩状（土状）	粗短，板状晶体	2 组解理； 常见简单双晶	6
斜长石（Pl） $NaAlSi_3O_8-CaAl_2Si_2O_8$	白色或灰白色； 玻璃光泽或珍珠光泽	板状晶体或卵形颗粒	2 组解理； 多晶或简单双晶	6～6.5
绿泥石（Chl） $MgFe_5Al_2Si_3O_{10}(OH)_8$	暗绿色；珍珠光泽	弹性薄片；细晶基质	1 组完全解理	2～3
黑云母（Bt） $K(Mg,Fe)_3AlSi_3O_{10}(OH)_2$	深褐色至黑色，珍珠光泽	弹性薄片；可形成面理	1 组极完全解理	2.5～3
白云母（Ms） $KAl_3Si_3O_{10}(OH)_2$	银白色至淡金色；珍珠光泽	弹性薄片；可形成面理	1 组极完全解理	2～2.5
红柱石（And） Al_2SiO_5	白色，灰色，暗红色；玻璃光泽	自形棱柱；方形横截面	2 组解理	6.5～7
蓝晶石（Ky） Al_2SiO_5	淡蓝色到白色，灰色；珍珠光泽至玻璃光泽	刃状晶体；具斑晶	2 组解理	4.5～7
硅线石（Sil） Al_2SiO_5	白色，灰色；玻璃光泽，或珍珠光泽（纤维状时）	细长棱柱或纤维状；可形成面理	1 组解理	7
石榴石（Grt） $(Mg,Fe,Ca,Mn)_3Al_2Si_3O_{12}$	红色至橙色，粉红色，紫色，棕色，黑色，绿色；玻璃光泽	等轴状晶体，十二面体，坚硬	无	6.5～7.5

续表

矿物（简称）化学式	颜色、光泽	典型特征	解理、双晶	硬度
十字石（St） $(Mg, Fe)_4Al_{18}Si_{7.5}O_{44}(OH)_4$	棕色，橙色，黄色，黑色；玻璃光泽，树脂光泽或油烟光泽	粗短板状晶体；具斑晶	1组解理；常见双晶	7~7.5
堇青石（Crd） $(Mg, Fe)_2Al_4Si_5O_{18}$	无色，灰色，绿色，蓝色（新鲜色）；油脂光泽至玻璃光泽	似卵形，斑点或间质性晶粒	不完全解理	7
绿泥石（Cld） $(Fe, Mg)Al_2SiO_5(OH)_2$	绿色至灰色；珍珠光泽	拉长的或粗短的棱柱	不完全解理；具多晶	6.5
绿帘石（Ep） $Ca_2(Al, Fe)_3(SiO_4)_3(OH)$	果绿色；玻璃光泽	粗短棱柱或基质状	1组解理	6~7
蓝闪石（Gln） $Na_2(Mg, Fe)_3Al_2Si_8O_{22}(OH)_2$	深蓝色，黑色；玻璃光泽至珍珠光泽	细长的棱柱	2组解理 交角124℃、56°	6~6.5
辉石（Px） $(Ca, Na)(Mg, Fe)(Si, Al)_8O_6$	绿色，棕色，黑色，明亮的绿色（绿辉石）；玻璃光泽	粗短棱柱；具斑晶	2组解理 交角92℃、88°	6
角闪石（Hbl） $Ca_2(Mg, Fe, Al)_5(Al, Si)_8O_{22}(OH)_2$	绿色，黑色，褐色；超过大多数辉石的玻璃光泽	粗短或细长的棱柱；具斑晶	2组解理 交角124℃、56°	5~6
阳起石（Act） $Ca_2(Mg, Fe)_5Si_8O_{22}(OH)_2$	深绿色；超过辉石的玻璃光泽	细长的棱柱	2组解理 交角124℃、56°	5.5
滑石（Tlc） $Mg_3Si_4O_{10}(OH)_2$	白色，浅绿色；珍珠光泽	柔软的薄片；具鳞片状面理	1组极完全解理	1
方解石（Cal） $CaCO_3$	无色，白色，粉红色，黄色，玻璃光泽	不规则的，间质性晶粒	3组极完全解理，可形成菱面体	3
蛇纹石（Srp） $(Mg, Fe)_3Si_2O_5(OH)_4$	绿色；丝绸光泽	纤维状团块	通常是不可见（纤维状晶体）	2.5
电气石（Tur） $NaFe_3Al_6Si_6O_{18}(BO_3)(OH)_4$	黑色，棕色，灰蓝色；玻璃光泽	细长的三角形横截面棱柱	不完全解理	7.5

3. 变质岩的结构

变质岩的结构类型很多，按其成因可分为四大类。

（1）变余结构：是浅变质岩中常见的结构，它仍保留了原来沉积岩、岩浆岩的结构，如变余砾（砂）状结构、变余泥质结构、变余斑状结构等。

（2）变晶结构：在变质过程中经重结晶作用所形成的结构。它与岩浆岩的晶质结构虽有相似性，但也存在差异点。变晶结构的晶粒一般为全晶质；除变斑晶外，晶粒一般呈他形或半自形；各种矿物无明显的生成先后次序；柱状、片状矿物等常呈定向排列或见粒矿物被拉长。常见的变晶结构有：粒状（花岗）变晶结构、角岩结构（泥质岩石经接触热变质形成的细粒变晶结构）、鳞片变晶结构（主要由云母、绿泥石、滑石等片状矿物组成，如与粒状矿物相组合，则可称鳞片粒状变晶结构）、纤维变晶结构（主要由阳起石、透闪石、夕线石等纤维状、长柱状矿物组成，当它们与粒状矿物相组合时，称为纤维粒状变晶结构）、斑状变晶结构（变质过程中由于结晶能力的差异，形成颗粒较大，自形程度较高的变斑晶，如石榴石、红柱石、蓝晶石等，其基质的结构各异，从变余结构到粒状变晶结构等）。

（3）交代结构：在交代作用过程中形成，主要发育于高级变质岩和混合岩中，一般要在显微镜下才能鉴别。

（4）压碎结构：岩石在低温下受定向压力作用发生破碎而形成，是动力变质岩的典型特征。按破裂程度又可分为：破裂结构、碎斑结构和糜棱结构等。

4. 变质岩的构造

变质岩的构造按成因可分三大类。

（1）变余构造：指变质作用对原岩构造改造不彻底使原岩构造的某些特点得以保留，构成变余构造。常见的有变余层理构造、变余杏仁构造、变余枕状构造、变余流纹构造等。

（2）变成构造：指变质过程中由重结晶和变质结晶作用所形成的构造，是变质岩中常见的、最具特征性的构造。常见的类型有：板状构造（泥质岩石在低温、高压条件下形成的平行破裂面、板理面光滑平整，由于原岩的矿物基本上未重结晶，故只有少量绢云母、绿泥石等在板理面上呈弱丝绢光泽）、千枚状构造（结晶程度较板状构造强，但肉眼尚不能分辨矿物颗粒；裂开面比较密集，不平整，表面有皱纹，并有强烈丝绢光泽）、片状构造（变质过程中所形成的片状、长柱状矿物平行排列构成片理面）、片麻状构造（部分成定向排列的片状或柱状矿物在长石、石英等粒状矿物中成断续分布）、块状构造（岩石中各种矿物无定向排列，各部分大致均匀，如石英岩、大理岩等）。

（3）混合岩构造：混合岩化过程中，由脉体和基体两部分相互作用所形成，常见的有眼球状构造、条带状构造、肠状构造等。

5. 变质岩的野外定名

了解变质岩的结构、构造和矿物组成后，就可以在野外进行岩石命名（表3.10）。

表3.10　常见变质岩类型及特征一览表

岩石类型	典型矿物组合	结构、构造特征
板岩类	石英、绢云母、绿泥石等	变晶结构，板状构造
千枚岩类	主要矿物组合：绢云母+绿泥石+石英	细粒粒状鳞片变晶结构，千枚状构造
片岩类	片柱状矿物：云母类、绿泥石、滑石、蛇纹石等 粒状矿物：长石、石英等	显晶质粒状变晶结构，片状构造
片麻岩类	石英、长石、少量暗色矿物，如：云母、角闪石、辉石等	鳞片粒状变晶结构，片麻状构造
斜长角闪岩类	角闪石、斜长石	粒状柱状变晶结构，片状、片柱状或块状构造
麻粒岩类	紫苏辉石、石英、硅线石	鳞片粒状变晶结构，片麻状或弱片麻状构造
榴辉岩类	石榴石、绿辉石	深色粗粒不等粒结构，块状构造

先根据构造和结构特征，初步鉴定变质岩的类别。例如，具有板状构造者称板岩，具有千枚构造者称千枚岩，具有片状构造者称片岩等。具有变晶结构是变质岩的重要结构特征。例如，变质岩中的石英岩与沉积岩中的石英砂岩尽管成分相同，但前者具变晶结构，而后者却是碎屑结构。

再根据矿物成分含量和变质岩中特有矿物进一步详细定名。一般来讲，要注意岩石中暗色矿物与浅色矿物的比例，以及浅色矿物中长石和石英的比例，因这些比例关系与岩石的定名有着极大关系。例如，某岩石以浅色矿物为主，而浅色矿物中又以石英居多且不含或含有较少长石，就是片岩；若某岩石成分以暗色矿物为主，且含长石较多，则属片麻岩。变质岩中的特有矿物，如蓝晶石、石榴石、蛇纹石、石墨等，虽然数量不多，但能反映出变质前原岩以及变质作用的条件，故也是野外鉴别变质岩的有力证据。关于板岩和千枚岩，因其矿物成分较难辨识，板岩可按“颜色+所含杂质”方式命名，如可称黑色板岩、炭质板岩；千枚岩可据其“颜色+特征矿物”命名，如可称银灰色千枚岩、硬绿泥石千枚岩等。在为变质岩定名时，应遵循“特征矿物+片状（或柱状）矿物+基本岩石名称”的原则。

3.3　地质构造

地质构造是野外地质观察的另一个重要内容。

3.3.1 基本概念

地质构造：构造运动引起地壳的岩层或岩体发生变形、变位留下的形迹。地质构造在层状岩石中表现最明显，研究得也最清楚。其基本类型：水平构造、倾斜构造、褶皱构造和断裂构造。

水平构造：产状近于水平（倾角<5°）的岩层；一般在平原、高原或盆地中部，未发生明显变形；岩层上新下老。

倾斜构造：岩层受构造运动的影响（变位、变形），沿层面与水平面具有一定的交角，便形成了倾斜岩层。岩层的层序主要依据化石确定，也可根据沉积岩的原生构造、岩性和构造特征来判断。

褶皱构造：在应力作用下岩层发生各种形态的弯曲现象。上凸的叫背斜，下凹的叫向斜。形成褶皱的变形面绝大多数是层理面；变质岩的劈理、片理或片麻理以及岩浆岩的原生流面；有时岩层和岩体中的节理面、断层面或不整合面，受力后也可能变形而形成褶皱。褶皱是地壳上一种最常见的地质构造。褶皱在层状岩石中表现得最明显，是岩层塑性变形的表现。褶皱的规模差别极大，大到褶皱系和构造盆地；小到个别露头或手标本，甚至显微褶皱构造。

断裂构造：岩体或岩层受力后发生变形，当所受力超过岩石本身强度时，岩石连续完整性受到破坏，便形成断裂构造。包括节理和断层。

由于野外地质构造的研究主要集中在褶皱和断裂构造方面，下面仅介绍褶皱和断裂构造的野外识别。

3.3.2 褶　　皱

1. 褶皱简介

褶皱是岩层在应力作用下发生各种形态的弯曲现象，也称褶曲。上凸的叫背斜，下凹的叫向斜。褶皱是地壳上一种最常见的地质构造。褶皱在层状岩石中表现得最明显，是岩层塑性变形的表现。岩层褶皱后原有的位置和形态均已发生改变，但其连续性未受到破坏。褶皱是由相邻岩块发生挤压或剪切错动而形成的，是构造作用的直观反映。

褶皱的形态多样，大小不一，依据其形成环境和条件而定。

褶皱的基本类型是背斜和向斜。原始水平岩层受力后向上拱弯，形成中心部位岩层的时代老，外侧岩层时代新的褶皱，称为背斜；向下凹曲，形成中心部位岩层的时代新，外侧岩层时代老的褶皱，称为向斜。背斜和向斜常是并存的。相邻背斜之间为向斜，相邻向斜之间为背斜。相邻的向斜与背斜共用一个翼（图3.16）。

值得注意的是，当岩层新老关系不清时，核部向上拱者称背形，向下拗者称向形。

无论褶皱的形态和类型如何变化，其都具有以下几何要素（图3.16）。

核：褶皱岩层的中心。

翼：褶皱岩层的两坡。

弧尖：层面上的最大弯曲点。

枢纽：单个层面最大弯曲点的连线，或同一层面上弧尖的连线。枢纽可以是直线，也可以是曲线。枢纽的倾斜方向，称为枢纽倾伏向，其产状随褶皱形态的变化而改变。

轴面：褶皱两翼近似对称的面（假想面），它也可以是曲面，其产状随褶皱形态的变化而改变。轴面与褶皱的交线，即为枢纽。

轴线（轴迹）：轴面与水平面或地面的交线。

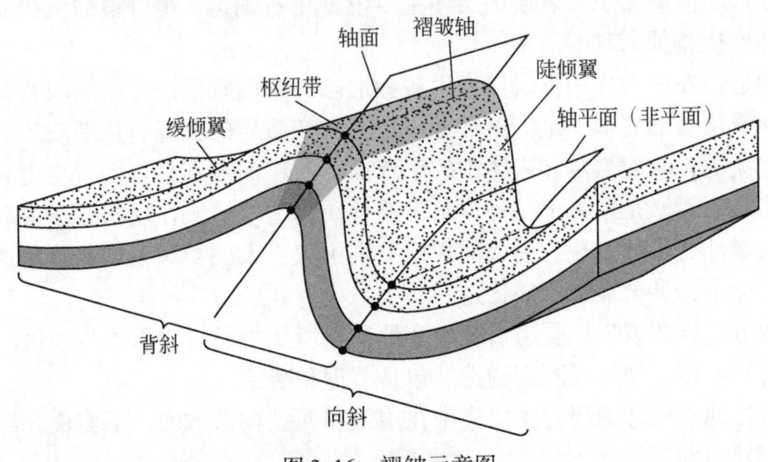

图 3.16　褶皱示意图

2. 褶皱的观察与研究

首先应查明岩层的相对次序、确定褶皱的位置，并对相应的标志层进行追索，对褶皱各要素进行观察描述，系统测量两翼地层的产状，同时辅以照片、素描，分析研究确定褶皱的形成时间、活动历史等。

对于褶皱内部的次生小褶皱、层间褶皱、破劈理等构造现象，也应该注意观察；对于断层相关褶皱的几何形态要做详细的观察和记录，对其运动学特征要做深入研究，并对其动力来源做进一步分析。

褶皱的野外识别标志有：

(1) 地层对称、重复出现。

(2) 产状变化。

背斜：中间老、两侧对称变新；

向斜：中间新、两侧对称变老。

正常情况下，一般背斜成山，向斜成谷（图 3.17），但往往也会观察到地形倒置现象（地貌山、谷与褶皱凸凹相反的现象；背斜成谷，向斜成山）。其主要原因是原始地形背斜山、向斜谷；因背斜顶部处于张应力状态，容易剥蚀；向斜核部处于压应力状态，剥蚀速度慢，故而倒置。

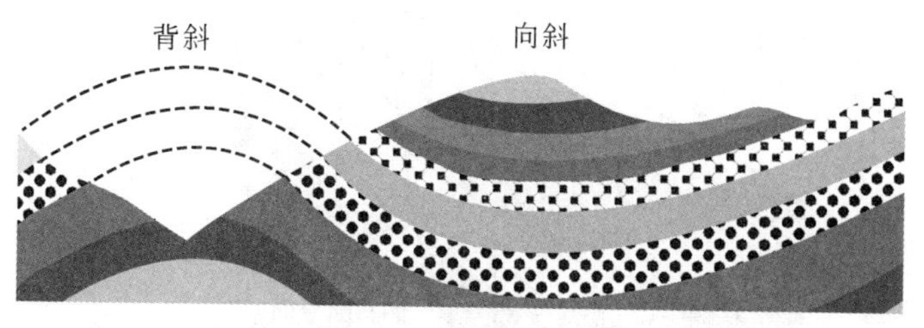

图 3. 17　褶皱识别图

（3）褶皱形成时代的确定。褶皱构造的时代主要是根据相对方法确定的，主要为角度不整合分析法和岩性厚度分析法。时代是褶皱体的最新地层形成之后，未褶皱体的最老地层形成之前。

3. 3. 3　断　　层

1. 断层的介绍

岩层或岩体受力破裂后，破裂面两侧岩块发生了显著位移的断裂构造叫断层（图 3. 18）。其包含破裂和位移两层含义，是地壳中广泛发育的地质构造。

断层主要由构造运动产生，也可由外动力地质作用（如滑坡、崩塌、岩溶陷落等）产生（其规模较小）。

其种类很多，形态各异，规模不一，但均具有断层面、断层盘、断层滑距等几何要素。

断层面：分隔两个岩块并使其发生相对滑动的面。断层面有的平坦光滑、有的粗糙、有的呈波状起伏。断层面的走向、倾向和倾角，称为断层面的产状要素。

断层盘：被断开的两部分岩块，其中位于断层面之上的，称为上盘岩块；位于断层面以下的，称为下盘岩块。相对上升者称为上升盘，相对下降者称为下降盘。上盘和下盘均可是上升盘或下降盘。如果断层直立，就分不出上、下盘。如果岩块水平滑动，就分不出上升盘和下降盘。

断层滑距：断层两盘相对移动的距离。断层两盘相当的点（在断层面上的点，未断裂前为同一点），因断裂而移动，其两点的直线距离，称为滑距，代表真位移。

2. 断层的观察与研究

首先，应研究判断断层的存在与否？在野外工作中，识别断层应注意以下几个方面：①地层的重复与缺失；②构造线的中断；③断层伴生或派生构造，如拖曳褶皱，密集的剪节理，断层角砾岩等；④水文和地貌的标志，如水系的突然转折，断

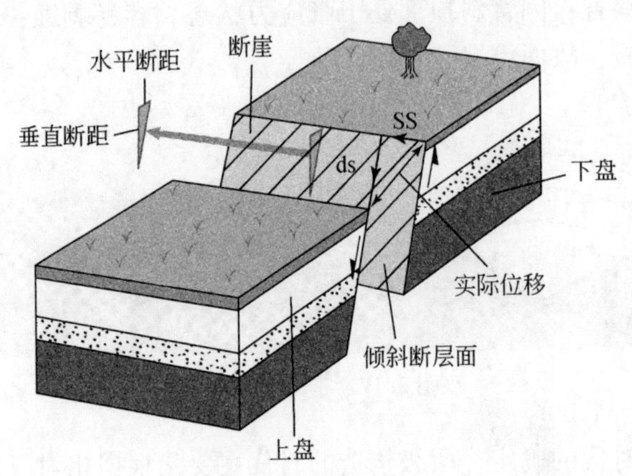

图 3. 18　断层示意图

层崖等；⑤航空照片、卫星照片上的线性构造等。当确定断层的存在之后，应对断层的性质、规模、断层带的特征等进行详细观察。根据规范要求，凡长度大于250 m的断层，都应在图上表示出来，野外调查的过程中，凡遇到断层露头都应定点控制，详细观察描述，测量产状，素描和照相，初步确定其活动性质，必要时应采集构造定向标本。

采集构造定向标本应注意：定向面一般选择在线理、片理面、断层面、擦痕等与矿物定向排列有直接关系的构造面上；定向标本中的矿物（如石英、方解石等）粒度不宜过细，但也不宜过少，否则会影响研究结果；采集定向标本时，先要在标本上选一个平面，然后在其面上画出一水平线（即该构造面的走向线），并将走向度数表示出来，用垂直于该线的短线箭头表示该构造面的倾向，并将倾角数表示在短箭头旁，同时须标明该构造面是向“上”还是向“下”，另外还应将上述数据记录在册。

对规模较大的断层或断裂破碎带，应选择合适的位置，垂直于断层走向做断层构造剖面，断层构造剖面应选择加比例尺，将不同规模级别的断层构造岩及其展布规律、构造挤压破碎带内带和外带，以及断层伴生或派生的剪节理、拖曳褶皱、羽状裂隙、擦痕等一系列构造现象标识出来，并借以分析判断断裂活动的力学性质及运动方向。

1）野外断层证据的判别

（1）相当层错开（相当层：地层、矿层）。

（2）层的重复或缺失（不对称重复，区别于褶皱）。

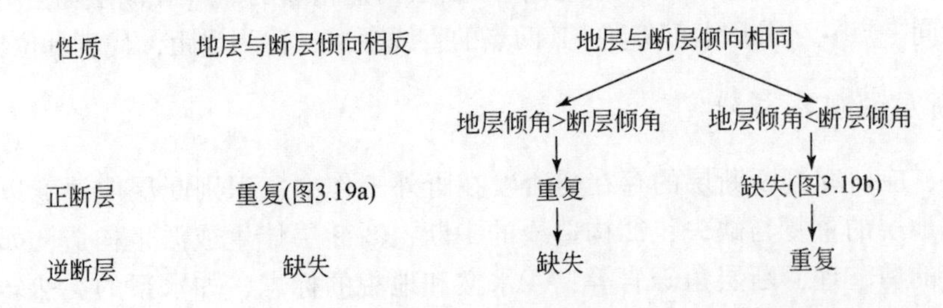

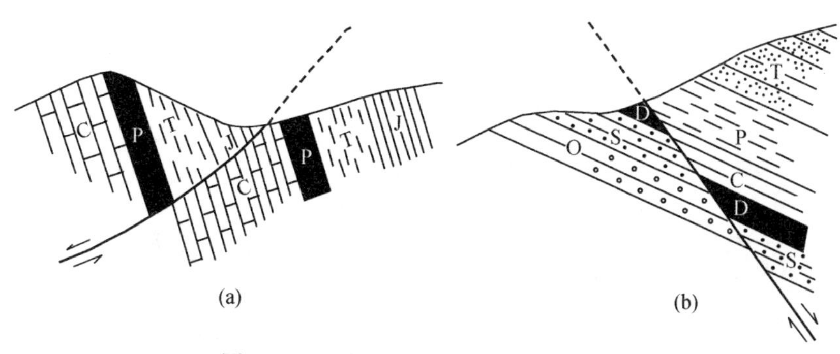

图 3. 19　正断层引起的地层重复与缺失

(3) 擦痕和镜面。岩块相互运动时，由于摩擦而在断层面上形成的痕迹。

擦痕：平行而密集的沟纹。

镜面：铁、锰等物质组成的光滑而平整的曲面。

(4) 阶步和反阶步。

阶步：陡坡倾斜方向指示对盘动向。

反阶步：压性裂隙，亦称羽裂，陡坡倾斜方向指示本盘动向；张性裂隙，R 面，陡坡倾斜方向指示对盘动向。

(5) 拖曳褶皱，牵引构造：断层使二侧岩层发生变薄和弯曲；弧形突出的方向指示本盘动向（图 3. 20）。

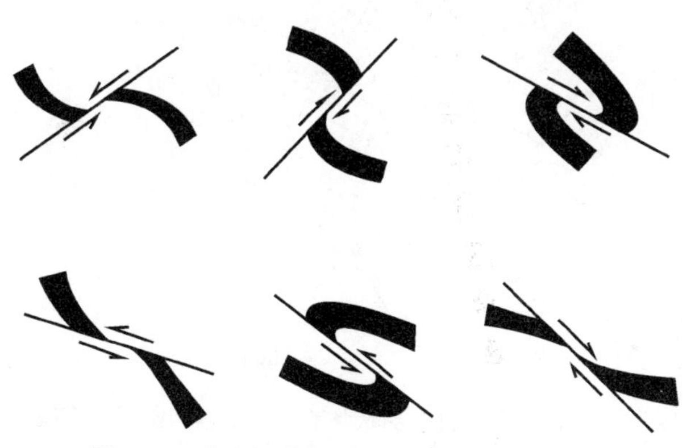

图 3. 20　拖曳褶曲的形态与断层滑动的关系

(6) 断层泥、断层角砾。

断层泥：碾磨而成的泥状物质。

断层角砾：碎块较大，一般呈棱角状；泥质胶结，为断层角砾岩。

断层磨砾：碎块较大，一般呈圆-半圆形；泥质胶结，为断层磨砾岩。

根据碎块成分可判断断层切穿了哪些地层及其断层的动向（图 3. 21）。

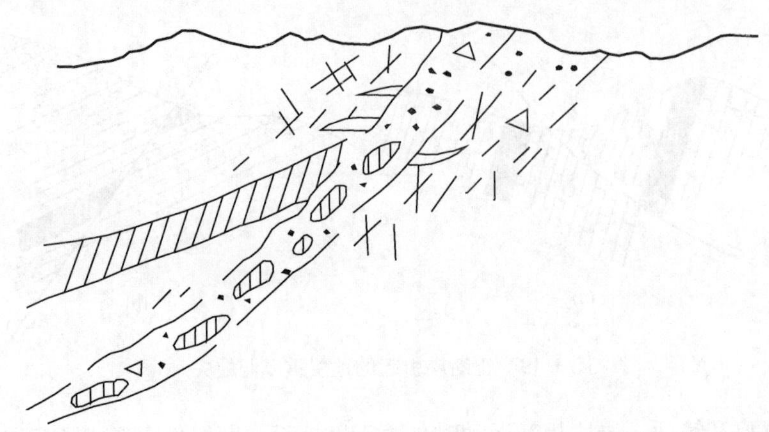

图 3.21　断层带中标志层角砾的分布判断断层两盘相对运动（上盘相对上升，下盘相对下降）

（7）密集的节理。进一步发展便成断裂；先成节理常控制断层的延伸方向（图 3.22）。

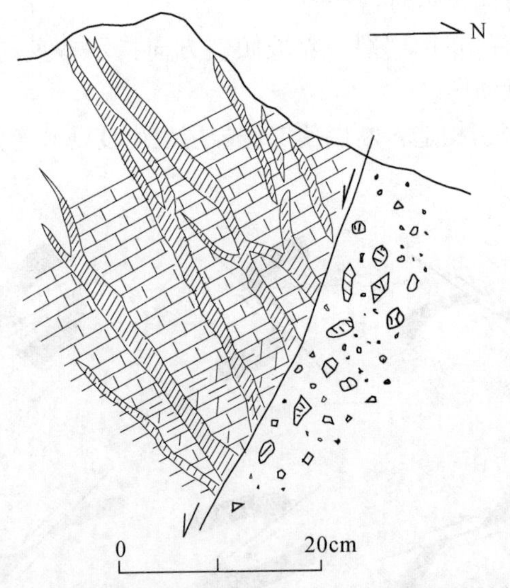

图 3.22　正断层上盘的羽状张节理［节理与断层所交锐角指示本盘运动方向，即上盘（南盘）下滑］

（8）其他证据。山区、平原的平直界线；地形上的陡崖；三角面山（时代较新）。矿化带和泉水（断层是矿液和地下水的通道和储集场所，如汤山温泉）。

2）断层的规模和时代

规模：用断层的长度、深度、位移量来衡量。对于小型断层，野外可以直接通过钢卷尺或皮尺直接测量断层的规模；而对于大型断裂，往往结合地质图。

时代：根据断层与地层的关系确定相对时代。没有断裂最老地层之前，已断裂最新地层之后。

在野外工作中常常由于露头掩盖及各种复杂原因，有时难以作出肯定的结论，需要结合同位素年代学工作确定。例如，用热释光法确定绝对时代；测定断层过程中新形成的矿物年龄（如多硅白云母）。

3.3.4 节理的观察与研究

节理是分布广泛的破裂构造，它的力学性质反映了构造应力的作用方式。野外工作中应注意观察节理的分布、产状、力学性质，并对其进行分期配套、统计测量、采用极射赤平投影的方式，求出主应力的方位，进而分析研究区域或局部应力场特征，配合褶皱与断层的研究，阐明构造应力性质与分布规律。

在节理观察的过程中，对于节理分布的构造部位（如褶皱转折端、翼部、背斜顶部等）、与断层的关系、与层面产状的关系（如是原生平面“X”型节理，则应与层面垂直）等都应注意分析。在统计分析研究过程中还应判别是原生节理还是次生节理；是构造节理还是非构造节理？对于节理点的测量面积和测量条款，可以机动掌握，不做规定。

野外观察节理时，先要确定所在构造部位，区域褶皱与断层的分布规模和特点，所在部位的地层、岩性等。然后查明不同方向、不同性质节理的产状、形态，节理面是否光滑，切穿或绕过砾石等，节理相互间是否错断、位移等，节理缝间有无填充物，节理间距和壁间大小也要注意观察和描述、典型的节理现象还应辅以素描和照片。

此外，对节理的共轭与否要注意观察。两组节理的锐角相交、动向协调、锯齿状追踪等现象均是共轭节理的重要证据。

3.4 地貌调查工作方法

3.4.1 基本概念

地貌即地球表面各种形态的总称，也叫地形。如陆地上的山地、平原、河谷、沙丘，海底的大陆架、大陆坡、深海平原、海底山脉等。地表形态是多种多样的，成因也不尽相同，但都是内、外力地质作用对地壳综合作用的结果。内力地质作用造成了地表的起伏，控制了海陆分布的轮廓及山地、高原、盆地和平原的地域配置，决定了地貌的构造框架。而外营力（流水、风力、太阳辐射能、大气、生物的生长和活动）地质作用，通过多种方式，对地壳表层物质不断进行风化、剥蚀、搬运和堆积，从而形成了现代地面的各种形态。

地貌是自然地理环境中的一项基本要素。它与气候、水文、土壤、植被等有着密切的联系。地貌与岩石性质和地质构造的关系尤为密切。当地壳大幅度的上升时，会引起河流急剧下切，导致形成高山深谷的地貌形态。而地表形态的变化又导致山地的气候、植被的垂直变化。结果形成各类地貌在地域上的组合和垂向的分异。

地貌类型按其形态分类，可把大陆地貌分为山地、高原、盆地、丘陵、平原五种类型。海底地貌可分为大陆架、大陆坡、大洋盆地及海底山脉等。

按其成因分类，以内力地质作用为主形成的地貌叫构造地貌，以外力地质作用为主形成的地貌有侵蚀地貌、堆积地貌等，根据动力作用的性质又可分为河流地貌、冰川地貌、风成地貌、海岸地貌、岩溶地貌、黄土地貌等。

地貌调查也是野外地质工作的一个方面。

3.4.2 地貌调查的工作程序

地貌调查可分 3 个阶段：准备阶段（收集资料，了解情况，制订计划）、野外调查阶段和总结阶段（资料、标本和照片的整理；图件的清绘和编制；编写报告）。野外调查是这 3 个阶段最重要的环节，它包括观测路线和观测点的选择。

1. 观测路线的选择

对不同地区，观测路线的选择是不同的。

(1) 平原区：一般平原区，由于地貌的起伏较小，变化也较小，类型单一，故路线的间距可以适当放宽。

(2) 山前地区：在山前地区，由于地貌类型和第四纪沉积物都很发育，互相间关系也较复杂，变化又大。路线间距的选择按照规范要求即可。

(3) 山地区：在山地区，地形起伏大，地貌类型和第四系地层局部变化大，质构造复杂。这时候路线的间距要加密。

2. 观测点的选择

沿观测路线选择在具有代表性的地貌和第四纪地质地点，进行详细的观测和描述，是地貌调查的主要环节。

地貌野外观测和记录的主要内容有下列几个方面：

(1) 地貌形态的量测与描述。

(2) 地貌物质结构的观测与描述。

(3) 查明地貌类型之间的相互关系。

(4) 观测现代地貌作用和过程。

(5) 分析地貌的成因。

（6）分析地貌年龄。

在地貌野外观测和记录，同时要绘制各类图件、素描，并进行照相和采集标本。其中填绘各类图件包括：不同类型、不同时代的地貌和第四纪沉积的分布界线，或某些重要的地质现象和自然地理现象的分布界线等，应尽可能在野外填绘成单要素图或综合要素图作为原始记录。

第4章 实习区自然地理及经济概况

4.1 自然地理概况

实习区位于安徽省南部，主要分布于黄山和宣城两个行政区内，其地理坐标为：东经117°50′~118°45′，北纬29°50′~30°45′。

皖南地区总体以山地和丘陵为主，是我国著名的南方亚热带丘陵山地的重要组成部分，随着新构造运动的抬升，形成以黄山、九华山为主体，四周为低山丘陵，并发育一系列山间盆地、河谷，新安江、青弋江、水阳江、秋浦河等水系流贯其间，构成具有层状地形特色的皖南丘陵山区。山脉主体部分，多为坚硬的花岗岩，地势高耸，黄山莲花峰高达1873 m，是安徽省第一高峰。

区内为亚热带季风湿润气候，气候温和，雨量充沛，四季分明，日照充足。气温和年降雨量自南而北递减，年平均气温14~16℃，最冷月（1月）平均气温-1~3℃，最热月（8月）27~38℃，全年无霜期200~300天；年平均降雨量800~1600mm（黄山为2400mm左右），温和的气候条件，山地、丘陵的地貌特征，对区内农、林、牧、副业十分有利。

4.2 交　　通

实习区内交通发达。民航有黄山机场和九华山机场，铁路有皖赣线贯通黄山市全境，高速公路G3、G35和G50全区交错，国道、省道、县道和乡镇公路几乎是全面对接，构成了发达的公路网络，可以保证所有的观察路线都能方便到达。

4.3 经　　济

皖南地区经济是农业、林业、工业和旅游业并重。工业以机械和建材为主导，其中海螺水泥产量在亚洲名列前茅。农业以水稻为主，又适宜林茶果生长，著名的有宣城蜜枣、宁国山核桃、徽州雪梨、祁门红茶、屯溪绿茶、黄山毛峰、太平猴魁等。皖南地区是安徽省重要的林、茶基地。

皖南地区金属矿产有钨矿、钼矿、铅锌矿、铜矿、铀矿、钒矿等，非金属矿产有水泥用灰岩、膨润土、蛇纹石、萤石、大理石、瓷土矿、珍珠岩、沸石矿等，其中石煤资源储量极大，估计达 70 亿 t。

黄山和宣城两市人口 427.5 万人，2013 年生产总值 1313.2 亿元，其中第一产业 172.9 亿元，第二产业 661 亿元，第三产业 479.3 亿元，人均 GDP 3.3 万元。

4.4 人　　文

实习区主要位于黄山市，过去一直称为徽州。其历史文化源远流长，公元前 210 年，秦朝将原越国的百姓迁徙至新安江上游一带，设立黝（宋朝以后称黟）、歙二县。歙县地包括今天的歙县、休宁、屯溪区、徽州区、绩溪，浙江的淳安及江西婺源的一部分；黝县地包括今天的黟县、祁门、石台、广德和黄山区的一部分。唐朝（公元 771 年）将歙州辖歙、休宁、黝、绩溪、婺源、祁门县，从此形成延续至清末达 1700 多年的"一府（州）六县"格局。宋朝（公元 1121 年）改歙州为徽州，直到清宣统三年（1911 年），长达 790 年。1987 年撤销徽州地区、屯溪市，设立黄山市。

徽州地区丰富资源促进了商业发展。徽商是中国十大商帮之一，鼎盛时期徽商曾经占有全国总资产的 4/7，亦儒亦商，辛勤力耕，赢得了"徽骆驼"的美称。徽商萌生于东晋，成长于唐宋，盛于明。清朝后期，徽商逐渐衰亡。

徽州地区历代名人辈出，历史文化十分发达。"连科三殿撰，十里四翰林"、"四世一品"、"父子丞相"等，佳话频传。朱熹、朱升、程敏政、汪机、戴震、胡适、黄宾虹、陶行知等在历史上具有重要影响。新安理学、徽州朴学、新安医学、徽商、徽剧、徽派建筑、徽派版画、徽派篆刻、新安画派、徽菜等经济文化流派构成的徽州文化博大精深，源远流长。

400 多年前，明代戏剧家、诗人汤显祖曾写道："欲识金银气，多从黄白游；一生痴绝处，无梦到徽州"。徽州不仅以黄山、齐云山、新安江、太平湖等吸引着每年数百万海内外游客，更以其美丽迷人、博大精深的人文景观，倾倒了无数旅游者，使其流连忘返。那造型别致的徽派古民居、鳞次栉比的古牌坊群和阴森威严的古祠堂，无声地诉说着古老徽州文化辉煌的昨天。1990 年，黄山荣列世界文化与自然双遗产；2000 年，西递、宏村加入世界文化遗产行列；还有潜口民宅、许国石坊、罗东舒祠、渔梁古坝等 10 处国家重点文物保护单位等等，它们的殊荣显示出徽州文化的灿烂与辉煌，徽州文化也与敦煌文化、藏文化并称中国三大地域文化，引起海内外更多学者的强烈关注，为众多旅游者趋之若鹜。

4.5 旅　　游

实习区自然环境秀美，历史悠久，文化积淀深厚。皖南地区旅游资源极为丰富（图 4.1），著名的山岳景区有黄山、齐云山、牯牛降、清凉峰等，黄山是世界级的花岗岩山岳景区，道教圣地齐云山是典型的丹霞地貌，牯牛降和清凉峰是古朴天然自然保护区；洞穴景观众多，有广德太极洞、石台蓬莱仙洞、白云洞风景区、花山谜窟等；丰富的文化遗产如歙县历史古城、歙县牌坊群、屯溪老街、徽杭古道等；富有特色的古建筑如黟县西递、宏村等。皖南地区特产丰富，其中宣纸、歙砚、徽墨、徽雕等名闻中外。

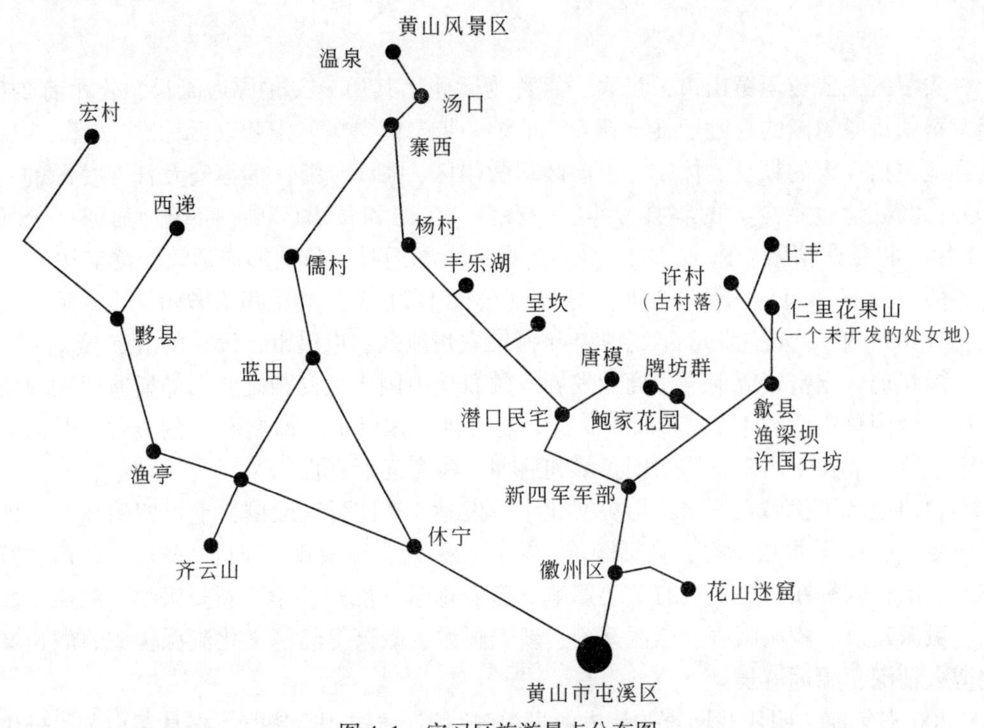

图 4.1　实习区旅游景点分布图

4.5.1　名　山

黄山风景区以花岗岩雄奇瑰丽的自然景观为主，兼有丰厚的文化内涵。她是世界地质公园，也是世界自然和文化遗产。景区内千峰竞秀，万壑云封，苍松密布，巧石罗列，泉瀑奔流。其中“莲花”、“光明顶”、“天都”三大主峰，均在海拔 1800 m 以上，拔地擎天，气势磅礴，雄姿灵秀。她兼有“泰山之雄伟，衡岳之烟云，匡庐之飞瀑，峨嵋之清凉”，故有“天下名景集黄山”之说。奇松、怪石、云海、温泉，被誉为黄山“四绝”，独特的峰林地貌为人称誉。而且，随四时季节变化、朝夕阴晴更异，山光水色又各呈新姿。黄山还兼有“天然动物园和天然植物园”的美称，共有原生植物 1446 种，其中国家二级保护植物 8 种，三级保护植物 8 种，中国特有植物 6 种；鸟类 176 种，两栖类 21 种，爬行类 48 种，鱼类 24 种，兽类 54 种。

九华山在青阳县西南侧，旧称“陵阳山”、“云冠山”等，因李白之诗句“昔在九江上，遥望九华峰”，从此更名九华山。九华山风景区由白垩纪的花岗岩组成，以最高的十王峰（海拔1342m）为核心，群峰环绕，共有20余峰海拔均在千米以上。真是群峰竞秀、气势雄伟、重峦叠嶂、缥缈霄汉。群峰间嶙峋怪石、幽谷深潭、清泉飞瀑、苍松翠竹、不胜枚举。九华山四时景色更迭，春观山花，夏览飞瀑、秋看云海、冬赏雪景。

九华山不仅以绮丽的自然风光名闻遐迩，也是举世闻名的地藏王道场，为我国四大佛教圣地之一，目前尚存寺庵70多座，规模最大的祇园禅寺、东岩精舍、万年禅寺和甘露寺合称为四大丛林。是以佛教为特色的山岳风景名胜区。

齐云山是国家级山岳风景名胜区，也是国家地质公园。它位于休宁县城西15km处，因“一石插天，直入霄汉，谓之齐云”，故名齐云山。主峰钟鼓峰海拔585m，面积110km^2，大多为紫红色砂砾岩、钙质砂岩等组成。流水的侵蚀作用和地质构造作用，形成奇峰四起、巨崖悬空、石壁五彩、状如楼台、幽洞层叠的丹霞地貌景观。乾隆下江南曾誉之为：“天下无双胜境，江南第一名山”。

齐云山自唐代以来就名传四海，历有海瑞、徐霞客、唐寅、黄宾虹等名人游此，现山上保留有摩崖石刻、碑铭和匾额700件。有恐龙遗迹化石，有丰富的生物资源。

齐云山也是我国四大道教圣地之一（安徽齐云山、湖北武当山、江西龙虎山、四川青城山）。齐云山道教建筑始建于唐代，到宋代筑祠建观，香火日盛，从而创立齐云道教基业。到明代，道教盛行，齐云山的主要殿宇、岩洞都建于此时。

4.5.2　名　水

太平湖为省内最大的人工湖，被誉为“皖南明珠”。湖内水产资源十分丰富，水碧鱼肥。四周青山环绕，时近时远。湖岸曲折多变，湖面宽窄不等，烟波浩渺，渔帆点点，诸峰凌云，山影重重，景色分外迷人。湖中有10多个小岛，在全湖控制流域面积2900 km^{2}的范围内，覆盖着松、柏、檀等上百种树木，郁郁葱葱，山绿树绿水绿，湖水澄碧幽深，清澈如镜，水天相连，翠绿相映。太平湖的秀水风光兼有西湖的妩媚、太湖的坦荡、漓江的秀丽、三峡的神奇，是一块尚未雕琢的绿色翡翠。

新安江，上通太平湖，下连千岛湖，全长373km。新安江水色晶莹，清澈见底，两岸青山连绵，堆花叠翠，徽派民居别具一格，风光旖旎。江流穿行于深山幽谷之中，或中流击水，或静静流淌，千曲万折，忽而山重水复疑无路，忽而柳暗花明又一村，处处是诗，时时是画，构成四季变幻的画卷。

4.5.3　名　洞

皖南有无数的奇峰、异洞，其中较著名的溶洞有广德太极洞、石台蓬莱洞、宣城龙泉洞等。

广德县太极洞洞体庞大，总面积 14 万 m^2，洞长 5000m，陆洞水洞兼具，洞中套洞，大小景观 500 多处，具有“险峻、壮观、绚丽、神奇”的景观特色；洞外山清水秀，长乐湖、砚池湖相依在群山之中，湖光山色，别有情趣。全洞分天洞、中洞、地洞、地下河四层结构。中洞里有钟乳石形成的“灵芝塔”、“通天河”、“桂林山水”等美景。天洞宏大绚丽，景观奇异，有可容千人的通明宫。其中，以巨幅自然山水壁画、白色透明的“罗纱帐”、碧玉般的海石花、洁白晶莹的“天丝”等四景为绝。

位于石台县城东北 9km 的蓬莱洞，发育于奥陶系灰岩中，洞深 10 km，总面积达 2 万 m^2。一条地下河穿洞而过，水中游鱼、洞内石鸡、壁上蝙蝠，一派生机盎然。钟乳石，形态殊异。河水清澈平荡，四季不涸，乘舟游弋，如人迷宫，趣味无穷。蓬莱洞经 4 期岩溶作用影响，形成四层结构，从上而下依次为地下河、地洞、中洞和天洞，形成气象万千的岩溶景观和绚丽多彩的淀积景观，已经成为皖南地区的著名旅游景点。

4.5.4 名 城

徽州古城位于国家历史文化名城——歙县境内，这里是中国三大地方学派之一的“徽学”发祥地，被誉为“东南邹鲁、礼仪之邦”。与云南丽江、山西平遥、四川阆中并称为“中国四大古城”。徽州古城景区包含徽园、渔梁古埠、徽州府衙、许国石坊、斗山街、陶行知纪念馆、新安碑园、太白楼等景点。其中渔梁古埠是雄霸明清商界三百余年徽商的起航地；许国石坊为八角结构，举世无双；斗山街是徽商族居的古民居街道；徽园更是集牌坊、古民居、宋祠“三绝”，砖雕、木雕、石雕“徽州三雕”等徽州古建筑之大成。

4.5.5 徽州古民居

徽州古民居，指的是徽州地区特有的蕴涵着深厚的地域特征、凝结着徽州文化的特色古民居，以天井、高墙、镂空石雕窗等为元素，以黟县宏村、西递，歙县呈坎、许村、唐模等徽州古镇为代表，并在新安江—钱塘江流域一带以古时徽商的商业为纽带形成的地域环境内得以发扬。

在古徽州大地上，明、清古民居建筑总计有 7000 栋，明清古村落大致在 100 多处。徽州古民居建筑形式丰富多彩，总计约 15 种之多。如古城、古村镇、祠宇、寺庙、书院、园圃、戏台、牌坊、关隘、桥梁、塔、亭、堤坝、村落。其中数古民居、古祠堂、古牌坊最突显，号称徽州“古建三绝”，它们融古朴、秀巧、典雅、富丽于一身，在造型、功能、装饰、结构诸方面自成一格，保持着独特的艺术风采和魅力，不仅具有实际应用功能和开发使用功能，而且具有科技工艺价值、历史文化研究价值乃至旅游观赏价值。

第 5 章　区域地质特征

实习区位于扬子陆块江南隆起带东段，区域构造比较复杂，经历了晋宁、加里东、印支、燕山和喜马拉雅构造运动。不同构造时期的沉积物、岩浆活动、变质变形以及成矿作用各具特色。总体构造格局是后期构造对前期构造形迹产生叠加改造，而中生代的构造奠定了现今的构造格局（图 5.1）。该区属于华南地层大区扬子地层区江南地层分区，出露地层主要包括新元古代青白口纪—南华纪浅变质岩系，新元古代南华纪—早-中三叠世海相盖层沉积，晚三叠世—白垩纪录像盆地红层沉积，新生代第四纪地层。区内岩浆岩发育，不同时代、不同成因的岩浆岩均有分布，岩浆岩面积达近 4000 km^2。区内矿种主要有钨、钼、铅锌、金、银、铜、钡等，矿床成因类型主要有岩浆热液型、斑岩型、矽卡岩型、海底喷流型和沉积改造型等。

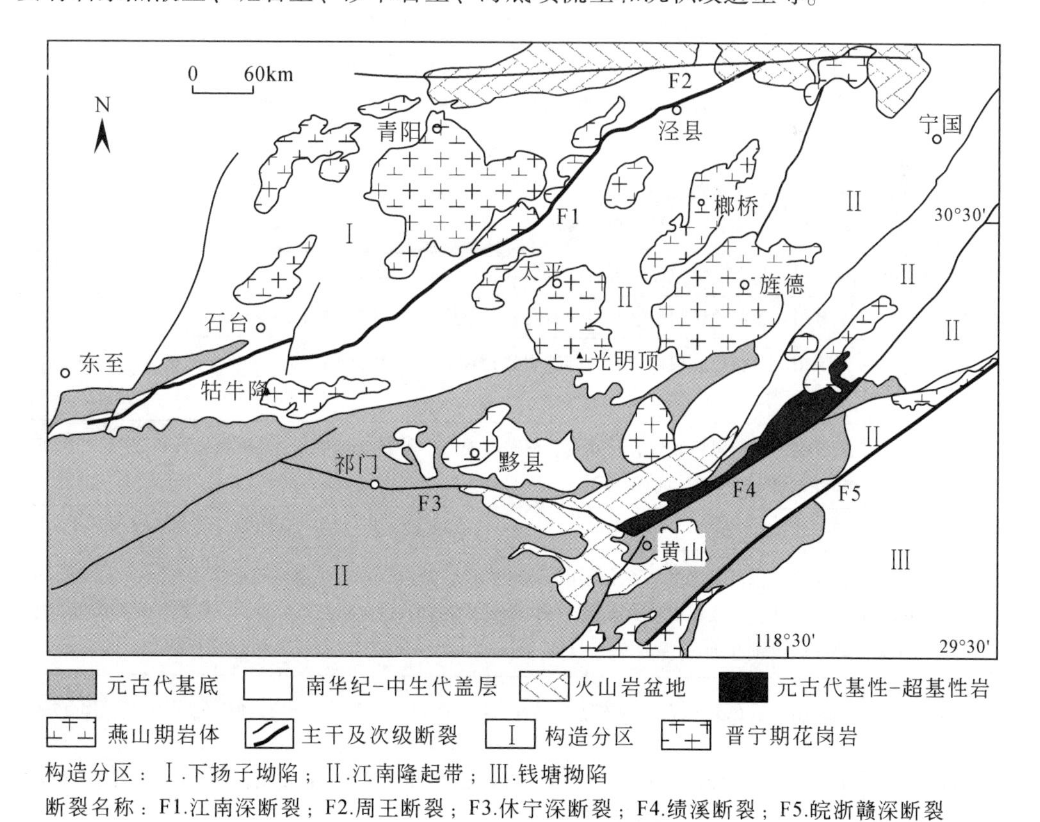

图 5.1　皖南地区地质略图

5.1 地　　层

实习区沉积岩发育，约占基岩区面积的70%（图5.1）。以贵池梅街—泾县一线为界，界线以南以新元古宙至早古生代地层为主，尤其志留纪地层分布最广；界线以北以古生代、中生代、第四纪地层为主（表5.1）。早古生代地层大致以江南断裂为界，可分为下扬子地层分区和江南地层分区，两分区之间时而出现过渡性质的地层，称为过渡带。晚古生代—三叠纪主要属于下扬子地层分区，岩石地层单位和地层序列基本连续，主要分布于高坦深断裂北西，而在泾县以南仅局部零星出露，与早三叠世地层一起构成特征的零星的短轴向斜。早中侏罗世地层为陆相盆地沉积，以河流、湖泊相的碎屑岩和含煤碎屑岩沉积为主。晚侏罗世—早白垩世进入陆相火山岩盆地发展新阶段，早白垩世晚期至晚白垩世地层主要分布在南陵和屯溪盆地，为干旱气候下的河湖冲积形成的红色碎屑岩。第四纪地层主要以河流、湖泊相沉积为主。

表5.1　黄山及太平湖周边发育的地层及其特征

地层分类			地层单位及岩性特征
中生界	白垩系	上统	小岩组：暗紫色、砖红色厚层砾岩、砂岩，夹凝灰质角砾岩，厚920 m 齐云山组：棕红色厚层-块状砾岩、钙质岩屑砂岩，厚200～500 m
		下统	徽州组：紫红色砾岩、砾质岩屑砂岩，含砾粉砂岩、钙质细砂岩、岩屑砂岩，厚2606.9 m 岩塘组：灰黄绿色粉砂质泥岩、钙质泥岩、晶屑凝灰岩，厚97～122 m 石岭组：安山岩、流纹岩夹沉凝灰岩，厚485.8 m
	侏罗系	上统	炳丘组：棕黄、紫色厚层砾岩，岩屑砂岩、泥岩，厚307 m
		中统	洪琴组：紫红色砾岩、砂砾岩、岩屑砂岩及粉砂岩，厚度大于227 m
		下统	月潭组：灰白色石英砾岩夹含砾砂岩透镜体，上部为砂质泥岩、炭质泥岩夹煤线，厚21～79 m
	三叠系	上统	安源组：浅灰黑色砂岩、粉砂岩、粉砂质泥岩、砾岩，夹煤层，含植物化石和双壳类、叶肢介等，厚138～361 m
		中统	—
		下统	青龙群：包括殷坑组、和龙山组、南陵湖组。灰白、青灰色薄至厚层条带灰岩、致密灰岩、微晶灰岩、瘤状灰岩和粒屑灰岩，以及钙质泥岩、页岩和泥质灰岩，产菊石、双壳类等，厚287.1～966.6 m
上古生界	二叠系	乐平统	大隆组：黑色致密灰岩夹碳质页岩，硅质页岩，产腕足、菊石和瓣鳃等化石，厚17～42.9 m 龙潭组：灰色砂岩与页岩互层，长石石英砂岩、粉砂岩、粉砂质泥岩、页岩夹煤层，产植物化石和菊石、腕足等化石，厚36～68 m 银屏组：灰黄绿色页岩、泥岩和粉砂岩，厚100～160 m

续表

地层分类			地层单位及岩性特征
上古生界	二叠系	阳兴统	孤峰组：下部黑色薄层硅质页岩，上部灰色石英砂岩、粉砂岩、泥质粉砂岩，厚约70 m 栖霞组：底部为灰黑色薄层页岩夹煤线，厚0.1～4 m；下部灰黑色中-厚层灰岩、生物碎屑微晶灰岩，上部深灰色含燧石结核灰岩、夹钙质页岩、黏土岩、炭质页岩、硅质页岩，产珊瑚、腕足和䗴等，厚142～220 m
		船山统	船山组：属于石炭系上统-二叠系船山统，浅灰色生物碎屑灰岩、致密块状灰岩、砾屑微晶灰岩、核形石灰岩，夹一层厚90 cm的石英砂岩，产䗴、藻类化石，厚约90 m
	石炭系	上统	黄龙组：底部为石英砾岩、石英砂岩，下部为白云岩，中部为巨晶灰岩，上部为生物碎屑微晶灰岩、砂屑灰岩，厚约30～119 m
		下统	高骊山组、叶家塘组：为紫色泥质粉砂岩、灰白色砂砾岩、黑灰色砂质页岩、黏土岩、粉砂岩，厚90.5 m 王胡村组：黄褐色薄层-中层长石石英杂砂岩、粉砂岩，夹页岩，厚0～28 m
	泥盆系	上统	五通组：灰白色、褐黄色厚层石英砂岩和杂色砂质页岩、泥岩、粉砂岩。厚51～181 m
		中统	—
		下统	
下古生界	志留系	上统	唐家坞群：紫红色、黄绿色厚层石英砂岩，夹粉砂岩等，含腕足、瓣鳃和鱼等，厚1511 m
		中统	畈村组：下段灰白色厚层-巨厚层细粒岩屑石英砂岩为主，上段灰绿色泥质粉砂岩及含粉砂质泥岩。含双壳类、腕足类、腹足类和藻类化石，厚794～1703 m
		下统	河沥溪组：灰绿色薄层-厚层条带状细砂岩夹页岩、粉砂岩，含三叶虫、腕足，厚490～988 m 霞乡组：灰绿色中厚层泥质细砂岩、粉砂岩、砂质页岩，含笔石，厚1000～1600 m
	奥陶系	上统	长坞组：灰绿色粉砂质页岩，页岩夹粉砂岩，上部细砂岩，富含笔石，厚180～800 m 黄泥岗组：黄绿色页岩、钙质砂质页岩，含三叶虫，厚24～133.5 m
		中统	砚瓦山组：青灰色中厚层瘤状泥灰岩、泥质灰岩，含三叶虫，厚4～10 m 胡乐组：下部黑色硅质页岩、硅质岩，上部棕色泥质砂质页岩，富含笔石化石，厚5.5～45.5 m
		下统	宁国组：下部灰绿色页岩夹粉砂质页岩，上部为灰黑色硅质页岩，富含笔石化石，厚121.8～276.9 m 谭家桥组：为泥质灰岩、钙质页岩、夹灰岩透镜体，含钙质结核，岩性和厚度均较稳定，厚380～518 m
	寒武系	上统	西阳山组：灰黑色薄层泥质灰岩、含白云质灰岩、钙质页岩，含三叶虫，厚221～383 m 华严寺组：深灰色薄-中层条带状白云质灰岩，含三叶虫，厚130～213 m
		中统	杨柳岗组：深灰色中-厚层泥质条带灰岩与泥质灰岩互层，含海绵骨针以及三叶虫，厚132～388 m
		下统	大陈岭组：深灰色厚层白云质灰岩、灰岩，夹薄层硅质泥岩，含海绵骨针，厚26～99 m 荷塘组：深灰色薄层硅质岩、硅质页岩、石煤层、碳质页岩，含海绵骨针，厚259～641 m

续表

<table>
<tr><th colspan="2">地层分类</th><th colspan="2">地层单位及岩性特征</th></tr>
<tr><td rowspan="3">新元古界</td><td>震旦系</td><td colspan="2">皮园村组：上部薄层硅质岩夹炭质页岩，下部黑白条带相间硅质岩夹炭质页岩，厚58～195 m
蓝田组：黑色炭质页岩，条带状或肋骨状灰岩，泥岩，底部为含锰白云岩，厚114～187 m</td></tr>
<tr><td>南华系</td><td colspan="2">雷公坞组：冰碛含砾沉凝灰岩、泥岩、杂砾岩，厚度变化大，46～927 m
休宁组：底部为砾岩，下部砂岩和粉砂岩互层，上部砂岩夹沉凝灰岩，顶部为含锰砂岩，白云岩，厚857～2214 m</td></tr>
<tr><td>青白口系</td><td>沥口群：包括邓家组、牛屋组、镇头组、葛公镇组、大谷运组、环沙组、羊栈岭组。由浅变质的粉砂岩、泥岩、细砂岩组成，局部发育砾岩和中粗粒砂岩。碎屑岩部分已经千枚岩和板岩化，厚度数千米
溪口群：包括木坑组、板桥组和漳前组。主要由浅变质的泥岩、粉砂岩和砂岩组成，岩石主要为板岩、千枚岩以及片岩，厚度数千米</td><td>井潭组：下段由灰绿色千枚岩或变流纹质凝灰岩、英安质凝灰岩与变流纹斑岩组成若干韵律；上段以绿泥石化变质安山岩、杏仁状变安山岩为主，厚2181 m
铺岭组：为灰绿色、黄绿色玄武岩、杏仁状玄武岩及玄武、安山质凝灰岩组成，厚50～983 m
伏川蛇绿岩、西村（岩）组：由一套发育蛇绿岩套的海相火山-沉积岩系组成，厚约2000余米</td></tr>
</table>

5.1.1 新元古代地层

实习区内新元古代地层包括两部分，下部为新元古代青白口系和南华系的浅变质岩系，也称为基底；上部为南华系和震旦系的沉积岩系，也称为盖层。

前寒武纪浅变质岩系，分布广泛，厚达数千米，传统上分为沥口群和溪口群，时代为青白口纪和中元古代（夏邦栋，1962；安徽省地质矿产局，1987，1997）。它们主要由浅变质的粉砂岩、泥岩、细砂岩组成，局部发育砾岩和中粗粒砂岩，并且包括铺岭组、井潭组的火山岩。碎屑岩大部分已经板岩化、千枚岩化，局部片岩化。但是，近一个世纪以来，这套浅变质岩系地层的时代归属、层序叠置关系等一直存在争议。

这套前寒武纪地层最早被称为上溪绿泥片岩，后称为上溪系，泛指休宁组不整合面之下的所有浅变质岩系，与南方板溪群相当（李毓尧等，1937）。夏邦栋等（1962）将其划分为两部分，上部为沥口群，下部为溪口群，前者包括羊栈岭组和铺岭组，后者自上而下包括郑家坞组、木瓜坑组、板桥组、庄前组和汪公岭组。合肥工业大学（1964）将溪口群分为上下两部分，上部为溪口群，包括婺源组、郑家坪组和木瓜坑组，下部为漳公山群，包括板桥组和庄前组。安徽省地质矿产局（1987，1997）将沥口群划入上元古界青白口系、上溪群划入中元古界，前者自上而下包括小安里组、铺岭组、邓家组和葛公镇组，并且认为与葛公镇组相当的是镇头组。溪口群为中元古代，自上而下包括牛屋组、木坑组、板桥组和漳前组。李双应等（2014）认为这套浅变质岩系主要属于南华系，而且沥口群和溪口群的时代大致相当。所以，这套地层的时代迄今为止并不十分确定，归属需要进一步研究。

1. 青白口系—南华系

1）牛屋组

岩性为灰、深灰色中厚层轻微变质的杂砂岩、粉砂岩与条带状板岩呈韵律状，自下而上由粗到细具明显的粒序变化，杂砂岩中往往见有黑色泥砾，上部为灰、灰黑色薄-厚层含炭质板岩夹含硅质-硅质板岩，底部砂质成分增高变为含砂-粉砂质板岩。粒序层理发育，槽模、泥砾和冲刷构造常见，主要为海底扇浊流沉积（Li et al.，2014；黄家龙等，2014）。

牛屋组在区内分布广泛，主要发育于祁门、休宁、歙县等地，厚度大约2000 m左右。

2）邓家组

邓家组底部为浅灰色中厚层中-细粒硅质砾岩与含砾砂岩，向上为灰、浅灰绿色中厚层变质中粒石英砂岩；中部为浅灰、灰绿色中厚层粗粒砂岩夹浅褐色中薄层千枚状板岩；上部为浅灰、灰黄色块层状中粒石英砂岩。

本组岩性变化不大，而地层厚度变化较大，从几百米到上千米，总体自西向东逐渐变厚，在东侧的黄山区香菇棚青白口纪邓家组剖面厚度大于1302 m。

3）羊栈岭组

羊栈岭组由夏邦栋（1962）所命名，是指分布在盆地的北侧，介于铺岭组和休宁组之间的一套浅变质岩系。羊栈岭组中部和下部以灰绿色板岩为主，并与粉砂岩、砂岩互层，上部为灰白色中厚层状石英砂岩，从下往上，砂岩成分明显增多，厚约2000 m左右。徐备等（1992）将分布于盆地北部除邓家组以外的浅变质岩都归入羊栈岭组。羊栈岭组，以油竹坑—羊栈岭隧道剖面为代表，厚约3000余米，分为下段、中段、上段和顶段四部分。下段主要为泥岩和粉砂岩，偶夹砂岩，发育粒序层理，代表着海底扇的中扇-外扇沉积，见于羊栈岭隧道两侧；中段以泥岩、粉砂岩夹砂岩、砾岩组成，细粒碎屑岩厚度大于粗碎屑岩。砾岩和砂岩层多为透镜状、舌状体，与下伏泥岩为侵蚀接触，主要属于重力流沉积。局部也发育水下牵引流构造，如斜层理、深水波痕等可见。

粉砂岩和泥岩中滑塌构造发育，包卷层理、火焰状构造常见。代表海底扇的内扇和中扇沉积；上段主要为砂岩，其次是泥岩和粉砂岩，砂岩和泥岩以及粉砂岩之间为非正常沉积接触，侵蚀面发育，冲刷充填常见，斜层理可见，厚度达数百米，代表海底扇根部沉积；顶段以灰白色厚层石英砂岩为代表，局部含砾石，层面平整，厚几米至几十米，代表着陆棚-滨岸沉积，分布局限。

4）铺岭组

原称为铺岭变质火山岩，为灰绿色、黄绿色玄武岩、杏仁状玄武岩及玄武、安山质凝灰岩组成。

本组地层厚度变化较大，厚 50 ~ 983 m。本组在上述邓家组出露地区，呈断续狭窄的条带状展布。

5）井潭组

井潭组主体岩性下段由灰绿色千枚岩或变流纹质凝灰岩、英安质凝灰岩与变流纹斑岩组成若干韵律，时而出现含砾凝灰岩、含砾凝灰熔岩；上段以绿泥石化变质安山岩、杏仁状变安山岩为主，有较多变流纹斑岩，其次为变流纹质凝灰熔岩出现。

在区域上，该组下段的基本岩石组合无明显变化，只是因各地受断裂和岩石侵入等后期热变质作用影响，使岩石面貌有所差异。总体看，从东北向西南，岩性由中酸性向酸性过渡，角砾凝灰岩及沉积岩夹层减少，颗粒变细，在纵向上，下部以中酸性火山碎屑岩为主，上部则以酸性为主，而且，酸性熔岩显著增加。大致经历了较强烈的火山喷发→间歇性火山喷发→较宁静的熔岩溢出→间歇性火山喷发→强烈的火山喷发→火山喷发与熔岩溢出交替→火山喷发结束几个阶段。

井潭组主要分布在皖浙交界处一带，厚 2181 m。

6）大谷运组

由徐备等（1992）命名，是指分布于歙县—休宁南、北大片地区一套浊积岩，由灰色、黑色薄层-厚层砂岩、粉砂岩、泥岩以及硅质岩组成，厚度 1551 m，相当于青白口纪晚期。马荣生等（2002）根据洽舍—寨西剖面的研究，认为大谷运组厚达 3590 m，包括三部分：①青灰色、深灰色中薄-中厚层状长石岩屑砂岩夹灰黑色薄层板岩，砂岩中常见角砾状、竹叶状泥岩碎块，厚 1050 m；②灰黑色板岩、粉砂质板岩夹深灰色中厚层砂岩，厚度大于 1660 m；③灰绿色、灰紫色厚层-巨厚层中粗粒凝灰质岩屑砂岩、细砾岩夹薄层沉凝灰岩、粉砂岩、硅质岩等，厚 880 m。

7）镇头组

由安徽省地质矿产局 332 地质队命名，认为是介于休宁组和牛屋组之间的一套酸性火山碎屑沉积岩系，包括流纹岩、流纹质凝灰岩、含砾凝灰岩、沉凝灰岩、凝灰质粉砂岩等，厚度大于 900 m，典型剖面位于绩溪县镇头镇北（安徽省地质矿产局，1997）。但是，根据洽舍—寨西剖面，镇头组主要为青灰色中厚层长石岩屑砂岩、薄层细砂岩、粉砂岩、泥岩、含砾砂岩和砾岩，砾石主要为泥砾以及硅质岩，几乎不含火山岩，厚度 1320 m（马荣生等，2002），或认为镇头组下部为层状沉凝灰岩夹砂岩和砾岩，上部为砂岩和泥岩（板岩化）互层，厚度 930 ~ 1960 m。底部砾岩包括黟县碧山砾岩和东至马坑砾岩（唐永成等，2010）。

8）葛公镇组

以东至县葛公镇剖面为代表。葛公镇组可以分为四部分：底部为青灰、浅灰色厚层复成分细砾岩、变中细粒砂岩、变粉砂岩、变泥岩组成不等厚韵律；下部为灰黑色薄层粉砂岩、含粉砂质条纹（条带）板岩组成韵律层，厚 110. 23 m；中部为灰黑色薄层粉砂质板岩、板岩，具水平层理，厚 237. 35 m；上部为青灰色中厚层长石岩屑砂岩夹灰黑色粉砂岩、板岩，厚285.18 m。

9）漳前组

漳前组岩性主要为绿色绿帘绢云石英片岩、千枚岩化的含砂粉砂岩、粉砂岩，绢云母绿泥石石英千枚岩。千枚状构造发育，具特殊的丝绢光泽，新生面理发育。原岩为泥岩-砂岩建造。

漳前组主要分布于休宁县西南部、祁门县南部，以及皖赣交界处。厚度大于2600 m。

10）板桥组

板桥组分为上、中、下三部分。下部为灰黑色千枚岩、粉砂质千枚岩；中部为青灰色、青灰绿色粉砂质千枚岩、千枚岩、灰色长石石英砂岩，以及灰黑色千枚状板岩；上部为灰色、灰黑色砂质千枚岩、千枚岩、千枚状板岩。砂岩和板岩常常形成韵律层理，并且发育粒序层理，产微古植物化石。

板桥组主要分布于休宁县西南部、祁门县南部，以及皖赣交界处，厚3000 m以上。

11）木坑组

岩性为青灰绿、翠绿色变质厚-巨厚层细砂岩、粉砂岩，及薄互层粉砂质板岩，往上渐变为薄层粉砂岩与板岩互层，中部常常发育浊积岩，具发育不完全的Bouma序列，以BCD组合常见，有时出现A段。其中时见薄层滑塌构造。砂岩底部的界面为突变，砂岩厚度变化具旋回型，自下而上相对变薄，砂岩底部的界面为突变；上部时而出现紫红色条纹状板岩（杂色层），杂色层具水平纹层，纹层厚0.05～0.4mm，部分可达2.5mm。自下而上总体上表现为由粗到细的变化。木坑组普遍含有长石（<5%）和少量岩屑，青溪一带岩屑含量可达8%～10%，岩屑大部分由安山岩和流纹岩组成。

木坑组主要分布于歙县—休宁—祁门一带，厚4600 m（夏邦栋，1962）。

12）西村（岩）组

西村（岩）组由一套发育蛇绿岩套的海相火山-沉积岩系组成，主要岩石类型包括基性、超基性岩，灰绿色绿泥片岩，绿泥绢云千枚岩、细碧岩、糜棱岩化角斑岩、石英角斑岩、深灰色绢云片岩、硅质板岩等。

西村岩组主要分布于黟县渔亭、歙县伏川-水竹坑、绩溪岭脚一带，厚2000余米。

2. 南华系—埃迪卡拉系（震旦系）

该区南华系—震旦系可以与三峡地区相比，属于南方型，主要分布在东至—宁国、祁门—绩溪，以及皖浙边界一带，自下而上分为南华系：休宁组和南沱组（雷公坞组）；震旦系：蓝田组和皮园村组。

1）休宁组

休宁组为一套自下而上由粗变细的碎屑岩。底部为一套紫色为主的中厚层砂砾岩层，自下而上由砾岩、含砾砂岩、含砾粉砂岩夹少量砂岩组成。下段厚1475.64 m，岩性下部为浅灰、紫红色中-厚层中细粒长石砂岩、含砾含火山物质中细粒长石砂岩、中细粒长石杂砂岩夹粉砂岩、沉凝灰岩，具水平层理、斜层理、平行层理；上部为浅灰白色中厚层中粒长石砂岩、长石石英砂岩夹浅紫色泥质粉砂岩呈韵律状产出，具板状交错层理、丘状交错层理。上段厚738.14m，底部为浅灰色巨厚层砾岩，夹含凝灰质含砾中粗粒长石岩屑砂岩；下部为浅灰白色中厚层凝灰质中粒长石岩屑砂岩夹紫红色中层凝灰质泥质粉砂岩，具丘状交错层理，含丰富的微古植物；上部为灰黄、灰绿、紫红色中厚-厚层中细粒长石砂岩、岩屑长石杂砂岩、石英粉砂岩、砂质泥岩夹泥岩，具平行层理、水平、波状层理，含微古植物；顶部为青灰、灰黄色厚-巨厚层含锰中细粒长石砂岩，局部含钙质锰团块，具平行层理，含微古植物。

休宁组分布广泛，与下伏地层呈不整合接触，厚857～2214m。

2）雷公坞组（南沱组）

雷公坞组主要岩性为深灰、灰绿色厚层绢云母化含砾凝灰岩、含砾千枚岩、粉砂质泥岩等。层理不清，砾石成分复杂，以石英为主，次为砂岩、花岗岩、板岩等。砾石分选差，多呈次棱角状，大小不一，最大砾径可达100 cm，最小0.2～0.5 cm，一般1～2cm，砾石含量10%～20%。胶结物以凝灰质为主，大多已绢云母化。

本组厚度变化较大，最大928 m，位于黄山区的西南；在黄山区的东南，厚200～400 m；厚度最小仅数十米，分布于西部东至—石台一带。雷公坞组与下伏休宁组为假整合接触，在休宁组顶部常常发育由透镜状铁锰层组成的风化壳。

3）蓝田组

蓝田组可分为五部分：底部为浅灰、白色薄-厚层白云质灰岩，含星点状黄铁矿的灰质白云岩，并含褐铁矿，厚6.6 m；下部为黑、灰色薄-中层炭质页岩、泥岩，向上含细脉状和条带状黄铁矿，炭质泥岩有时夹煤，含丰富的微古植物及宏观藻类化石，厚45.37 m；中部为黑、深灰色薄-中层含硅质炭质页岩与泥炭质白云岩互层，厚41.36 m；上部主要为浅灰-灰色薄层“肋骨”状白云质泥灰岩，其底部为中厚层泥质、灰质白云岩，向上出现含数层0.05～0.2 m厚的结核状、星点状黄铁矿层，厚19.60 m；顶部为黑色薄-中层炭质页岩及含炭质泥岩，厚19.60 m。

在本区南侧的黟县石盂和休宁县蓝田含丰富的微古植物及宏观藻类化石，该化石被命名为“蓝田植物群”（Lantian Flora）（阎永奎等，1992）。最近，在中部页岩中还发现了具触手和类似肠道特征的、形态可与现代腔肠动物或者蠕虫类相比较的可能后生动物化石（Yuan et al.，2011）。因此，建议该生物群改名为“蓝田生物群”（Lantian Biota）。“蓝田生物群”是迄今最古老的宏体真核生物群，时代限定在距今635 Ma～580 Ma，早于以往报道的埃迪卡拉生物群（陈旭和袁训来，2013）。

本组地层厚度总体变化不大，厚135 m，与下伏雷公坞组为整合接触。

4）皮园村组

皮园村组系李捷和李毓尧（1930）命名于休宁县蓝田镇北皮园村，指寒武纪黄柏岭组与震旦纪蓝田组之间的硅质岩地层，厚56.60～194.5 m，分为上、下两段：下段厚约46 m，岩性为灰白、灰黄、浅灰色厚层硅质岩与灰黑色厚层含炭质硅质岩相间互，顶部为1～15 cm的凝灰岩。灰黑色含炭质硅质岩具厚1～2 mm的水平纹层，原岩可能为泥晶灰岩，硅质岩中局部显示粒序层、丘状层和水平层理相间互的风暴层；上段厚约50 m，岩性为灰黑色薄层硅质岩、泥质硅质岩夹微晶灰岩，具水平层理，含微古植物、海绵骨针。时代为早寒武世早期。

皮园村组为一跨时岩石地层单位，属晚震旦世晚期—早寒武世早期沉积。

5.1.2　古生代地层

1. 寒武系

1）荷塘组

原名荷塘硅质页岩及石煤层，为卢衍豪等1955年命名，标准地点在浙江省江山县大陈北东15km的荷塘村。本组地层总厚为143.01～386.54m。一般可分为两部分：下部为灰黑色炭质页岩、泥岩夹与泥质硅质岩，夹石煤层，含串珠状磷结核及结核状、星点状黄铁矿，底部局部夹少量灰岩透镜体；上部为黑色炭质页岩、薄层炭质泥岩。该组具水平层理，产海绵骨针。在下扬子地层分区以灰绿色页岩为主，相当于江南地层分区荷塘组上部层位，另称为黄柏岭组。

荷塘组属于早寒武世沉积，与下伏震旦系皮园村组整合接触。

2）大陈岭组

系李蔚秾和俞从流（1965）命名，标准地点在在浙江省江山市大陈岭。本组总厚18.34～109.83 m。岩性为深灰色中厚至厚层含白云质微晶砂屑灰岩夹灰黑色薄至中层炭硅质板岩，含海绵骨针 *Protospongia* sp.。微晶砂屑灰岩中发育水平层理、交错层理和波状层理，碳硅质板岩中发育水平层理。

大陈岭组属于早寒武世晚期沉积，与下伏荷塘组整合接触。

3）杨柳岗组

原名杨柳岗石灰岩，系卢衍豪、穆恩之等（1955）命名于浙江省江山市大陈东北的杨柳岗。本组总厚105.84～288.95m。分为上下两部分：下部厚111.88m，岩性为深灰色薄层-中厚层具水平微细层理之微晶灰岩、泥晶灰岩夹灰黑色薄层炭质页岩、炭质泥质粉砂岩；上部厚80.26m，岩性为具水平微细层理之含炭质粉屑灰岩、具含白云质灰岩团块粉屑灰岩、砂质粉屑灰岩夹灰黑、灰白色极薄层炭质泥岩，含三叶虫。

杨柳岗组属于中寒武世沉积，与下伏大陈岭组整合接触。

4）华严寺组

原称为华严寺灰岩，系卢衍豪、穆恩之等（1955）命名于浙江省常山县华严寺（天马山）。本组总厚159.52～213.22m。岩性为灰黑色中薄层砂屑灰岩与薄层粉屑灰岩或钙质泥岩呈韵律互层，水平层理发育，灰岩厚5～30cm，泥灰岩或钙质泥岩厚2～5cm，与钙质泥岩常组成假厚层状，为台地边缘斜坡环境。含三叶虫 *Glyptagnostus* sp.，*Pseudagnostus* sp.，*Homagnostus* sp. 等。

华严寺组属于晚寒武世沉积，与下伏杨柳岗组整合接触。

5）西阳山组

原名西阳山页岩，系卢衍豪、穆恩之等（1955）命名于浙江省常山县城南 1.5km 西阳山。本组总厚 221.44～504.82m。其岩性为灰黑、青灰色薄层泥质条带含白云质灰岩、薄板状含炭质泥质灰岩与钙质页岩、含炭质页岩相间，含三叶虫 *Charchaqia* sp.，*Hedinaspis* sp.，*Lotagnostus* sp.，*Proceratopyge* sp.，*Westergaardites* sp.，*Pseudagnostus* sp.，*Agnostus* sp.，*Homagnostus* sp.。该组在区域上具一定的变化，总体往南东方向泥质成分增多。地层厚度主要表现为自北西往南东有逐渐变薄趋势。

西阳山组属于晚寒武世沉积，与下伏华严寺组整合接触。

2. 奥陶系

1）谭家桥组

本组原名谭家桥页岩，为许杰（1936）创建。本组分布广泛，分布于宁国、太平、黟县、绩溪等地。岩性主要为泥质灰岩、钙质页岩、夹灰岩透镜体，含钙质结核，岩性和厚度均较稳定，总厚 380～518 m。含笔石、三叶虫 *Dictyonema*? sp.，*Clonograptus* sp.；三叶虫：*Shumardops* sp.，*Agnostidae*，*Eoisotelus*（?）sp.。顶部为厚 0.63m 的灰、灰黑色中厚-厚层结晶灰岩，含三叶虫：*Shumardops* sp.，*Asaphopsis*（?）sp. 及腕足类。

谭家桥组属于早奥陶世沉积，与下伏西阳山组为整合接触。

2）宁国组

原名宁国页岩，许杰（1934）命名于宁国市胡乐司附近。本组总厚 121.77～276.86 m，可以分为上、下两段。下段为灰绿、灰黄、灰绿色页岩夹粉砂质页岩，厚 62～140.39 m，富含笔石，自下而上可以分为四个笔石带；上段为灰黑、暗灰色硅质页岩、硅质条带页岩、炭质硅质页岩，厚 38.5～136.48 m，富含笔石，自下而上可以分为两个笔石带。

宁国组属于早-中奥陶世沉积，与下伏谭家桥组为整合接触。

3）胡乐组

原名胡乐页岩，许杰（1934）命名于宁国市胡乐镇附近。胡乐组在皖南地区分布广泛，岩性和动物群分布稳定，本组总厚 81.77～122.8 m。根据岩性，胡乐组分为上、下两部分：下部为黑色硅质页岩、硅质岩，厚 7.16～32 m；上部为棕色泥质砂质页岩，厚 4.5～17.7 m。本组富含笔石，自下而上分为 3 个笔石带。

胡乐组属于中-晚奥陶世，与下伏宁国组呈整合接触。

4）砚瓦山组

原名砚瓦山系，系刘季辰和赵亚曾 1927 年命名，标准地点在浙江省常山县东南约4.5 km的砚瓦山。本组总厚4.0～18.59 m。岩性为灰、灰绿、黄绿色含粉砂质页岩、页岩和灰、青灰、灰黑色中厚-厚层泥质灰岩，具瘤状构造。含介形虫、腕足类、头足类化石。

砚瓦山组属于中奥陶世晚期沉积，与下伏胡乐组呈整合接触。

5）黄泥岗组

卢衍豪等1963年命名于浙江省江山市黄泥岗村，总厚24.0～133.5m。岩性为黄绿、灰绿、青灰色页岩、钙质砂质页岩，含钙质结核，下部富含三叶虫化石。

黄泥岗组属于晚奥陶世沉积，与下伏砚瓦山组呈整合接触。

6）长坞组

卢衍豪等1963年命名，标准地点在浙江省江山市城北南山—长坞东山。本组总厚88.0～361.82 m。下部岩性为深灰绿、灰绿色页岩、含粉砂质页岩夹灰绿色泥质粉砂岩，黑色炭质黏土页岩夹一薄层晶屑沉凝灰岩，具水平层理，含笔石，厚127.15 m；上部为黄绿色中厚层细砂岩夹黄绿色页岩，含笔石，厚55.47 m。

长坞组属于晚奥陶世沉积，与下伏黄泥岗组为整合接触。

3. 志留系

1）霞乡组

本组在江南地层分区分布广泛，黄山市桃岭桃坑剖面较为完整，总厚1327.93 m。按岩性特征可分上、下两段：下段厚535.05 m，岩性为灰绿、黄绿、灰色薄层含粉砂质页岩、粉砂岩、细砂岩，夹炭质泥岩，水平纹层发育。炭质泥岩风化后呈灰白色，棒条状。下部含较丰富的笔石。上段厚792.88 m，岩性为深灰、灰黄色中薄-中厚层泥岩、泥质粉砂岩，夹薄层石英细砂岩。

霞乡组属于晚奥陶世—早志留世沉积，与下伏长坞组为整合接触。

2）河沥溪组

该组命名剖面位于宁国市河沥溪，厚489.5～988.0m。下部岩性为灰、深灰色中厚-厚层石英砂岩、粉砂岩，两者呈不等厚互层；中部为泥质粉砂岩、泥岩夹石英砂岩；上部夹多层黑色页岩。该组发育水平层理、微波状层理、脉状层理、砂纹层理，顶部见丘状层理。含三叶虫、腕足类化石。

河沥溪组属于早志留世沉积，与下伏霞乡组为整合接触。

3）畈村组

畈村组分为上、下两段：下段灰白色厚层-巨厚层细粒岩屑石英砂岩为主，夹少量灰绿色粉砂岩和泥质粉砂岩；上段灰绿色泥质粉砂岩及含粉砂质泥岩，夹含砾岩屑砂岩，以及钙质粉砂岩。含双壳类、腕足类、腹足类和藻类化石，厚794～1703 m。

畈村组属于中志留世沉积，与下伏河沥溪组为整合接触。

4）唐家坞群

也称为举坑群（安徽省地质矿产局，1987），系舒文博（1930）命名于浙江省富阳市西北12 km唐家坞。本组在江南地层分区分布广泛，以黄山市三峰庵—举坑剖面较为完整，厚1511 m，可以分为三段：下段为紫红、黄绿色中层-中厚层石英砂岩、砂岩，夹细粒钙质砂岩、泥质粉砂岩；中段为灰白、黄绿、紫红色厚层石英砂岩、细粒砂岩，夹粉砂岩、泥质粉砂岩；上段乳白、黄绿色中厚-厚层石英砂岩与泥质粉砂岩互层，厚32 m。

唐家坞群含多门类化石，以腕足、双壳、腹足为繁盛，此外有石燕类、头足类、鱼皮等化石。

唐家坞群属于晚志留世沉积，与下伏畈村组为整合接触。

4. 泥盆系

五通组

大致厚150 m，分为上下两部分：下部为浅灰、灰白色厚层石英砾岩与细粒石英砂岩互层、灰黄、灰白色中厚层石英砂岩夹灰白、灰黑色薄层泥质粉砂岩、泥岩，石英砂岩具单向斜层理，泥质粉砂岩中含植物化石；上部为灰色、灰黑色薄层泥质粉砂岩、粉砂质泥岩互层，含黏土矿以及劣质煤层。含亚鳞木、鱼类、叶肢介等化石。

五通组属于晚泥盆世沉积，与下伏志留系地层假整合接触。

5. 石炭系

1）王胡村组

与早石炭世金陵组碳酸盐岩相相当的碎屑岩称为王胡村组。本组总厚0～28 m，主要为灰、灰黄色薄层钙质胶结石英质粉砂岩夹灰、深灰色中薄层粉砂质泥晶灰岩，含丰富的腕足类，如*Eochoristites elongata*、*E. transversa*等，并见珊瑚化石。

王胡村组应为早石炭世岩关晚期，与下伏五通组假整合接触。

2）高骊山组

原名高骊山砂岩，系朱森（1929）命名于江苏省句容县高骊山南坡。本组厚90.5 m，下部为灰黑、灰绿、深灰色中薄层石英砂岩与灰黄色薄层泥质粉砂岩、泥岩互层；中部为灰紫色厚层-块状粉砂质泥岩、石英粉砂岩与石英砂岩相间；上部灰黄色厚层块状泥岩，顶部为风化壳，在空洞中往往含黄铁矿团块。含植物、腕足类、珊瑚等化石。

高骊山组属于早石炭世晚期沉积，与下伏王胡村组假整合接触。

3）黄龙组

原名黄龙石灰岩，系李四光和朱森（1930）命名于江苏省南京附近龙潭镇西黄龙山。本组厚30～119 m，可以分为3个部分：下部为灰质白云岩、白云岩、角砾状白云岩，底部有一层厚0.31～5.60 m的灰白色石英砾岩和含砾石英砂岩；中部为灰白色厚层巨晶灰岩；上部为灰、浅灰色生物屑砂屑灰岩夹微晶灰岩，含丰富的蜓、珊瑚、藻类等化石。

黄龙组属于晚石炭世早期沉积，与下伏古生代地层主要为假整合接触，但是与下伏的前寒武纪浅变质岩系为角度不整合接触。

4）船山组

原名船山石灰岩，系丁文江（1919）命名于江苏省句容县赣船山。本组厚约90 m，下部为灰、浅灰色厚层块状团粒泥晶灰岩、含砾屑生物屑微晶灰岩、泥晶灰岩，夹一层石英砂岩；上部主要为生物碎屑灰岩、核形石灰岩和微晶灰岩。含丰富的蜓、腕足和藻类化石。

船山组属于晚石炭世—早二叠世沉积，与下伏地层黄龙组平行不整合接触。

6. 二叠系

1）栖霞组

栖霞组原名栖霞灰岩，李希霍芬（V F Richthofen）（1912）命名于江苏省南京市东郊栖霞山。皖南地区栖霞组厚142～220 m，分为6个部分：底部为碎屑岩段，为深灰、灰黑色页岩、炭质页岩，时夹劣煤层，含植物化石，厚0.1～4 m；下部臭灰岩段，为灰黑色中厚层沥青质灰岩、砾状灰岩，夹灰黑色粉屑灰岩，含蜓、珊瑚、腕足等化石，厚42～67 m；下硅质层段，为灰色、灰黑色薄层硅质岩、硅质页岩，夹灰岩透镜体，厚24～32m；中部燧石结核灰岩段，为灰、深灰色厚层含燧石结核生物碎屑灰岩，含蜓、珊瑚、腕足等化石，厚107 m；上硅质层段，为黑色薄层硅质岩夹泥质条带灰岩和泥质灰岩，含腕足类化石，厚度大于10 m；顶部灰岩段，为深灰色含燧石结核灰岩。

栖霞组属于中二叠世早期沉积，与下伏船山组假整合接触。

2）孤峰组

孤峰组原名孤峰镇石灰岩，叶良辅和李捷（1924）命名于实习区内泾县孤峰镇。厚度大于51 m，分为上、下两段：下段为黑色页岩、硅质页岩、硅质岩，夹含锰页岩与条带状含锰灰岩，含菊石碎片和腕足类，厚32m；上段为紫灰色页岩、粉砂质页岩和硅质岩、硅质页岩互层，含磷结核，含菊石和腕足类化石，厚度大于19 m。

孤峰组属于中二叠世晚期沉积，与下伏地层栖霞组整合接触。

3）银屏组

皖南地区银屏组厚100～160m，主要为灰色、黄褐色页岩和砂质页岩，夹细砂岩和钙质砂岩，含植物化石等。

银屏组属于中二叠世—晚二叠世沉积，与下伏地层孤峰组整合接触。

4）龙潭组

龙潭组原名龙潭煤系，系丁文江（1919）命名于江苏省南京东郊龙潭镇。皖南地区龙潭组厚259～267 m，分为三段：下部长石石英砂岩段，为浅灰、灰白色中粗粒长石石英砂岩，夹粉砂岩和砂质页岩，含植物化石，厚157 m；中部含煤段，为黑色页岩、炭质页岩、粉砂质页岩，夹细粒砂岩含煤2～5层，厚23～83m；上部砂页岩段，为灰、灰黑色泥岩以及砂质灰岩，含腕足、菊石、珊瑚、蜓类等化石，厚101～127m。

皖南地区龙潭组属于晚二叠世早期沉积，与下伏地层银屏组整合接触。

5）大隆组/长兴组

大隆组分布于实习区的北部泾县一带，厚约60 m，下部为深灰、灰褐色薄层硅质岩、硅质页岩，夹硅质灰岩；上部主要为灰、灰黑色页岩夹硅质页岩、粉砂质页岩，夹薄层灰岩、白云质灰岩。大隆组含菊石、腕足以及双壳类等化石。

长兴组主要分布于实习区南部的广德地区，厚61 m，下部为灰、灰黑色薄层沥青质灰岩和条带状灰岩，夹薄层硅质岩，厚7～37 m；上部为深灰、灰黑色微晶灰岩、硅质灰岩，夹生物碎屑灰岩。长兴组富含化石，有菊石、腕足、蜓类等。

大隆组和长兴组属于晚二叠世晚期沉积，与下伏地层龙潭组呈整合接触。

5.1.3 中生代地层

1. 三叠系

三叠系主要分布在实习区东部的宣城—广德地区，包括下统和上统。下三叠统包括殷坑组、和龙山组和南陵湖组，上三叠统为安源组。

1）殷坑组

主要为灰色中层微晶灰岩，黄绿色、灰黄色薄层钙质页岩，以及少量瘤状灰岩和灰色中层状砾屑灰岩，砾屑灰岩属于碳酸盐碎屑流沉积。殷坑组产菊石、双壳类等化石，厚27.10～171.6 m。

殷坑组与下伏地层大隆组、长兴组整合接触。

2）和龙山组

下部为灰、青灰色泥质条带灰岩、薄层灰岩、钙质页岩互层，上部为浅灰、青灰色薄层泥质条带灰岩夹钙质页岩、页岩，水平纹层发育。和龙山组产菊石、双壳类化石，厚100～150 m。

和龙山组与下伏地层殷坑组为整合接触。

3）南陵湖组

为灰、灰白、浅灰色薄-中厚层微晶灰岩，具水平层理，下部夹瘤状灰岩、砾屑灰岩，上部夹薄层灰岩，具蠕虫状构造。南陵湖组含菊石、有孔虫，厚160～645 m。

南陵湖组与下伏地层和龙山组整合接触。

4）安源组

本组地层分为三部分：下部灰黑色砂岩，粉砂岩、粉砂质泥岩夹煤层，底部为砂砾岩；中部为浅灰色砾岩、砂岩、炭质页岩及浅灰色灰岩夹煤层；上部为灰黑色粉砂岩、炭质页岩、灰紫色薄层泥岩夹薄煤层。含植物、双壳和叶肢介等化石。厚138～361 m。

安源组属于早三叠世晚期沉积，与下伏地层接触关系不清，局部超覆在石炭—二叠系船山组之上。

2. 侏罗系

侏罗系主要分布于实习区的屯溪、洪琴和汪村等小型盆地，地层发育齐全，厚度 904 ~ 2864 m，不整合在新元古代浅变质岩系之上。

1）月潭组

标准剖面位于休宁县月潭附近，下部为灰、灰白色薄层-中厚层粉砂岩、石英砂岩夹粉砂质泥岩，底部为石英砾岩；上部为灰绿、黄绿色砂、页岩。上、下部均夹煤线或薄层煤。月潭组产植物和双壳类化石，厚 21 ~ 79m。

月潭组属于早侏罗世沉积，与下伏新元古代地层不整合接触。

2）洪琴组

洪琴组可分为两部分：下部为暗紫色厚层-巨厚层砾岩、含砾砂岩；上部为黄紫、绿色中厚层中-细粒砂岩、亚长石砂岩、泥质粉砂岩、粉砂质泥岩，局部夹安山岩。洪琴组岩性变化较小，产双壳类化石，厚度一般大于 200 m，最大厚度达 1562 m。

洪琴组属于中侏罗世沉积，与下伏地层月潭组为假整合接触，或者不整合在上石炭统黄龙组以及元古代地层之上。

3）炳丘组

炳丘组以砾岩为主，可以分为三部分：下部由棕黄色厚层砾岩、含砾粗粒岩屑砂岩、中-粗粒砂岩和细砂岩组成；中部由暗紫色砾岩、含砾中粗粒砂岩、中细粒砂岩及细砂岩组成韵律层；上部为红色厚层粉砂质黏土岩。厚 307 m。

炳丘组属于晚侏罗世沉积，与下伏地层洪琴组不整合接触。

3. 白垩系

白垩系主要分布于实习区的屯溪、祁门两个小型盆地，地层发育齐全，化石丰富。各组之间多为假整合接触。

1）石岭组

石岭组主要出露于屯溪盆地，厚 485. 8 m，分为四部分：底部为暗紫色安山岩，厚 78m；下部紫色巨厚层-块状安山质火山角砾岩、火山集块岩、角砾凝灰岩，厚 81 m；中部为暗紫、灰白色巨厚层安山岩，厚 225. 8 m；上部为紫灰色厚层-巨厚层气孔状安山集块岩、流纹质熔结凝灰岩，厚 101 m。

根据同位素年龄，石岭组属于早白垩世，与下伏地层侏罗系炳丘组以及新元古代地层牛屋组为区域不整合接触。

2）岩塘组

主要分布于歙县地区，厚 97 ~ 122 m。在岩塘剖面，岩塘组分为三部分：下部以灰黄、黄绿色粉砂质泥岩为主，夹亚长石砂岩和凝灰岩；中部由棕色、灰黄色不等粒砂岩、粉砂岩、粉砂质泥岩组成；上部由黄绿色不等粒砂岩和粉砂岩、泥岩形成的韵律层组成。岩塘组产丰富的化石，包括腹足类、叶肢介、植物化石等。

岩塘组属于早白垩世沉积，与下伏地层侏罗系石岭组假整合接触，与下伏新元古代地层不整合接触。

3）徽州组

分布于歙县、休宁、祁门一带，主要为棕黄、灰色厚层砾岩、含砾砂岩、不等粒砂岩和钙质粉砂岩、泥岩组成，含铁锰结核。岩性、沉积相和厚度变化明显，自上而下，岩石粒度总体由粗变细，韵律层发育，属于冲积沉积。徽州组产双壳类、介形类、轮藻等化石，厚 1291 ~ 2520 m。

徽州组属于早白垩世晚期沉积，与下伏地层不整合接触。

4）齐云山组

主要分布于休宁、歙县一带。在齐云山剖面，该组分为三部分：下部棕灰、紫红色厚层砾岩、暗紫色钙质含砾砂岩以及钙质细砂岩组成韵律层；中部为紫灰色厚–巨厚层砾岩、钙质粉砂岩组成韵律层；上部为紫灰色厚层–巨厚层砾岩、浅红色砂岩和粉砂岩组成韵律层。产植物化石，厚 207 ~ 485 m。

齐云山组属于晚白垩世早期沉积，与下伏早白垩世地层石岭组平行不整合接触。

5）小岩组

分为上下两部分：下部由暗红色厚层砾岩及鲜红色厚层杂砂岩组成，砾石以千枚岩为主，一般大小为 2 ~ 5cm，大者可达 25cm，多呈次棱角状；上部为砖红色厚层杂砂岩，常常与紫灰色巨厚层砾岩、紫红色巨厚层砂岩互层，发育有大型交错层理。小岩组夹有安山质集块岩和凝灰质角砾岩，产恐龙及蜥脚类遗迹化石，厚度大于 600 m。

小岩组属于晚白垩世晚期沉积，区域上多超覆于较老地层之上。

5.1.4　新生代地层

区内出露的新生代地层主要为第四系，分布在支流附近及湖泊周围。成因类型以冲积为主，其次有残、坡、洪、湖积和冰水堆积的砂砾、沙泥、泥质物质。出露地层主要为早更新世马冲组，中更新世戚家矶组，晚更新世下蜀组、檀家村组，全新世芜湖组。

5.2　岩　浆　岩

实习区内岩浆岩较为发育，包括火山岩和侵入岩（图 5.1）。火山岩主要分布于皖南白际岭地区和赣北，多呈夹层状和透镜状产于中晚元古代的地层中，并作为其中的一部分构成了火山岩地层，在上一节已叙述。侵入岩岩石类型较为齐全，超基性–酸性均有分布，且以中酸性花岗岩类为主。多呈 NE 和近 EW 向沿断裂构造展布，受构造控制十分显著。可分为明显的两期，即新元古代（晋宁期）和晚中生代（燕山期）侵入，约占总面积的10%。

5.2.1　新元古代中酸性侵入岩

晋宁期侵入岩呈近东西向带状分布，可以划分为南北两条岩浆岩带（图5.1）。一条位于祁门—歙县—三阳坑一线，以休宁岩体、许村岩体、歙县岩体为主，由大小11个侵入体组成，岩石岩性以黑云母花岗闪长岩为主；另一条位于皖浙赣三省交界处，由西部莲花山岩体构成，岩石岩性为细粒花岗岩。上述岩体形成时代约为821Ma（吴荣新等，2005），具S型花岗岩类特征，为壳源熔融的产物。下面以许村岩体为例，揭示晋宁期侵入岩的特征。下面以许村岩体为代表进行介绍。

许村岩体（$Pt_3\gamma\delta$）主要位于江南隆起带（羊栈岭地体）内，面积约26.4 km²。主体岩性为花岗闪长岩、黑云母花岗闪长岩。岩体之上见休宁组沉积不整合界面，所以其形成时代应为前南华纪。近年来获得的锆石U-Th-Pb年龄为823±8 Ma（Li et al.，2003）。黑云母花岗闪长岩出露面积19.63 km²，灰-灰白色，中粒结构，块状构造。花岗闪长岩出露面积6.75 km²，灰-灰白色细粒似斑状结构，块状构造。二者造岩矿物特征基本相同，矿物主要成分为更长石（35%～40%）、钾长石（10%～15%）、石英（30%～35%）、黑云母（5%～10%）。其中多数更长石周边浑圆，具环带构造和钠长石双晶。石英波状消光强烈，具变形纹带。钾长石主要附生于斜长石边部并交代斜长石。黑云母具红棕色多色性。区别是黑云母花岗闪长岩中含堇青石较多，最高含量可达6.5%，此外，还发现有硅线石、石榴石等。

5.2.2　晚中生代中酸性侵入岩

皖南地区在晚中生代发生了大规模岩浆作用，表现为一系列复式岩体，例如，黄山—太平（350 km²）、青阳—九华山（506 km²）、旌德岩体（320 km²）、榔桥岩体（220 km²）、牯牛降复式岩体等（图5.1）。这些复式岩体广泛出露在江南深断裂（F1断裂）的两侧，可分为酸性岩和中酸性两种类型（图5.1）。酸性岩类岩石类型以含云母花岗岩、二长花岗岩为主，规模较大，常以岩基、岩株、岩枝状产出，如九华山岩体、黄山岩体等，形成时代集中分布于123～134 Ma，为燕山晚期，具A型花岗岩特征；中酸性岩类主要为花岗闪长岩、花岗闪长斑岩、花岗斑岩等，规模较小，多呈岩枝、岩株或岩滴状发育，形成于135～145 Ma，属燕山中晚期，以I型花岗岩类为主。

1. *花岗闪长岩*

其主体为细粒-中粗粒结构，块状构造；在侵入体的接触带部位出现片麻状构造，变余糜棱结构、碎裂结构。但是两种结构、构造岩石的矿物组成一致。主要矿物成分为斜长石、钾长石、石英、角闪石，少量黑云母和副矿物。

2. 二长花岗岩

浅灰色，块状构造，部分发育晶洞构造，中粒-中粗粒结构，粒径一般 3 ~ 6 mm，在侵入体内部由外向内有变粗的趋势。岩石主要矿物成分为钾长石、斜长石、石英和黑云母等。副矿物主要为磁铁矿和榍石，次为褐帘石、独居石、锆石等，副矿物组合较复杂。

3. 钾长花岗岩

肉红色，块状构造，中-细粒结构，矿物粒径 0.1 ~ 0.5 mm。主要矿物成分：钾长石含量50% ~55%，主要为微斜长石和条纹长石，呈不规则板状，偶见蠕英结构；斜长石：为更长石（An = 25 ~ 27），半自形板状，常见钠长石双晶；石英：呈他形粒状，含量35% ~40%；黑云母：为镁质云母，其含量<5%。副矿物：磁铁矿、钛铁矿、白钛矿、萤石、独居石、磷钇矿、铌铁矿等，以及锆石、榍石。

4. 碱长花岗岩

浅灰色，块状构造，微细粒结构，矿物粒径 0.1 ~ 0.5 mm。主要矿物成分：钾长石主要为微斜长石和条纹长石，含量65% ~70%，呈不规则板状；石英呈他形粒状，含量25% ~30%；斜长石为中-更长石（An = 27 ~ 32），含量约5%。副矿物为磁铁矿、萤石、独居石、锆石、榍石等。

5. 脉岩

区内燕山期脉岩十分发育，脉岩的规模、方向、密度不等，岩性由基性至酸性均有出露。根据脉岩形成的地质背景、时代、岩性特征等将其分为专属性脉岩和区域性脉岩两类。专属性脉岩：成分上与中-深成侵入岩有关，一般分布于深成岩体的内部或其附近围岩中，时间上稍滞后于中-深成岩。因此，从岩浆成岩、演化角度而言，它属岩浆系列的一部分。主要岩石类型包括：花岗斑岩、花岗闪长斑岩、闪长玢岩、石英正长斑岩、石英斑岩、花岗细晶岩等。区域性脉岩在成分上与深成岩体不相适应，多与区域断裂构造有关。主要岩石类型：正长斑岩、辉绿玢岩、闪长玢岩等。

5.2.3 火　山　岩

1. 新元古代火山岩

1）伏川火山岩（蛇绿岩套）

伏川蛇绿岩套位于皖南中部，沿祁门—歙县—三阳坑断裂带分布，西起黟县渔亭，经歙县南山、伏川，东至绩溪县的金川和水竹坑，续出露，延长约 90 km，均为构造侵位，而以伏川地区出露的层序较为完整。伏川蛇绿岩以缓倾角推覆在片麻状黑云母花岗闪长岩（即歙县岩体）之上。蛇绿岩套自下而上为：①变质橄榄岩（蛇纹石化斜辉辉橄岩，含纯橄岩与铬铁矿透镜体）；②堆积辉长岩；③火山岩，主要为细碧岩和角斑岩；④硅质岩。

伏川蛇绿岩套火山岩基本上属于细碧—角斑岩系。在伏川，火山岩蚀变较强，斜长石、黝帘石化、绢云母化及部分绿泥石化，基质阳起石化、绿泥石化、绿帘石化，杏仁体中常由石英、葡萄石和碳酸盐充填。

伏川火山岩的枕状构造和南山火山岩的似枕状构造（冷凝边不完整，稀疏可见），说明它们是海底喷发的产物。

橄榄岩的锆石 SHRIMP U-Pb 年龄为 827±9 Ma（丁炳华等，2008），基本限定了伏川蛇绿岩套的形成时代。

2）铺岭组火山岩

主要分布在江南隆起区，含火山岩地层为青白口纪铺岭组，火山岩厚度变化较大，各地出露厚度不一，部分地段甚至缺失。该套火山岩至少可划分三个旋回，但不同地区发育不全。在黄山汤口一带火山活动记录保留相对较完整，该区铺岭组分三个火山旋回，每个旋回自下而上反映为爆发相—溢流相—宁静相组成，在每个旋回岩石组成特征上显示：底部多为角砾熔岩，中部为熔岩，上部为玄武质或玄武安山质凝灰岩。各个旋回可划分出多个韵律结构，其下部多为粗晶玄武岩，上部为杏仁状玄武岩或凝灰岩，在第二、三旋回中见紫色层，反映该套火山岩形成于陆地—近滨—浅海环境，自下而上反映更接近陆地的氧化环境。该套火山岩经历了低绿片岩相变质作用，但原生构造保留较清晰。

铺岭组火山岩主要岩石类型有玄武岩、玄武安山岩、玄武质凝灰岩、玄武安山质凝灰岩等。

玄武岩、杏仁状玄武岩：灰绿色，局部略显紫色。致密块状构造、杏仁状构造，变余玄武结构。主要矿物成分为斜长石（以钠长石为主），含量 30% ~50%。岩石普遍遭碳酸盐化、绿帘石化、绿泥石化和青磐岩化。

玄武安山岩：浅绿、墨绿色玄武质安山岩，致密块状和杏仁状构造，斑状结构。斑晶主要由斜长石组成，其含量在 30% ~50%，基质为玄武安山质，并多已蚀变，依稀可见具交织结构。岩石经历的主要蚀变为绿泥石化、青磐岩化。

早期获得的铺岭组同位素年龄资料，全岩 Sm-Nd 等时线年龄为 1032 Ma（谢窦克，1996），其时代可能偏老。

3）井潭组火山岩

主要分布在实习区东南角长陔岭、石耳山、岭口一带，厚度大于 1170 m。本区仅见上段，具两个旋回，中下段在区外。

第一旋回：含两个青灰绿色条纹状变质流纹质英安岩、灰白色变质流纹斑岩组成的小旋回；以变质流纹斑岩为主，部分变质变形较强者为流纹质石英片岩。

第二旋回：由三个青灰-灰白色变质流纹英安岩、青灰绿色条纹状变质英安质流纹岩（部分已变质成长英质片岩）、灰白色变质流纹岩、变质流纹斑岩或石英片岩组成的小旋回构成。

井潭组变质火山岩中出现较多的绢云母和白云母、重结晶的石英，少量绿泥石和绿帘石，变质作用属低绿岩相绢云母带，为区域低温动力变质型。

2. 中生代火山岩

实习区中生代火山岩属于早白垩世，火山活动分为 3 个旋回，火山岩具有介于高钾钙碱性系列和橄榄安粗岩系列的特点，在地层一节已介绍。

5.3 变质作用和变质岩

实习区内变质作用主要为区域变质作用、接触变质作用和动力变质作用。

5.3.1 区域变质作用

主要见于江南基底隆起区内。江南基底隆起区出露的牛屋组、环沙组、大谷运组、葛公镇组为一套低绿片岩相变质岩，岩石原始面貌保留较好，轻微经受了区域热流变质作用。主要变质岩类型有变质砂岩类、板岩类、千枚岩类、片岩类等。

在变质砂岩、粉砂岩、泥岩中，岩石具层状构造，部分具千枚状构造，变余砂质、粉砂质、泥沙质、泥质结构。新生矿物主要为绢云母，绿泥石次之，主要由泥质胶结物变质而成。

板岩的岩石具板状劈理，变余泥质、泥沙质结构，少量鳞片变晶结构，板状和变余层状构造，少量见由绿泥石或碳酸盐矿物组成的斑点状构造。新生矿物主要为绢云母、绿泥石，少量方解石和绿帘石，还见有较多的变余长石碎屑和泥质、砂质、凝灰质等。

千枚岩类主要分布在溪口群和沥口群，岩石呈灰绿色、深灰色，丝绢光泽，千枚状构造，显微鳞片变晶结构。原岩主要为泥岩、粉砂质泥岩、含砂质泥岩等。新生矿物绢云母、绿泥石及少量石英，定向排列。

片岩类主要分布在溪口群，主要为一套泥沙质、粉砂质泥岩变质而成。

5.3.2 接触变质作用

主要产于区内不同时代侵入体与围岩接触带，根据侵入岩和围岩成分上的差异可以出现不同类型接触变质及热液蚀变作用。包括矽卡岩化、大理岩化、硅化、角岩化、绿泥石化、云英岩化、钠长石化、次生石英岩化。在构造有利部位，往往可以形成一些有关矿产。

区内接触变质作用按其出现位置分为内接触变质带和外接触变质带两种，一般内接触变质带不甚发育，主要为外接触变质带。内接触变质带宽度较小，从数厘米至数十米不等，主要由流体引起的岩体外部的蚀变；外接触变质带规模较大，多从数米直至数千米。

1. 角岩化

主要分布在江南地区中-深成侵入岩与泥砂质碎屑沉积岩组成的围岩接触带部位，如榔桥、乌石垅、青阳岩体、云岭、旌德、太平等大型复式岩体的边缘，角岩化带宽度不等，一般在50～200 m，宽者达400 m以上（如榔桥复式岩体等）。其中，在泥质成分较多部位，尚见有堇青石角岩带、红柱石角岩。

2. 矽卡岩化

主要见于沿江江南地区，在江南过渡带内也有少量出现。主要见于中酸性侵入体与寒武纪—奥陶纪、石炭纪—三叠纪地层中碳酸盐岩接触带部位，在震旦纪蓝田组中也有见及。主要类型有两种，一是透辉石矽卡岩，二是石榴石矽卡岩，前者与铜矿化、后者与铁铜矿化有关。蓝田组中的透辉石矽卡岩、石榴石矽卡岩等，与钨钼矿关系密切。

3. 大理岩化

主要分布在江南隆起带和沿江江南地区，分布于岩体与寒武纪—奥陶纪碳酸盐岩接触带部位。钙质大理岩化岩石质地优良，已成为国内主要方解石矿的重要产地。铜陵—贵池地区一些小岩体，在矽卡岩带的外侧也常见到分布数十米至数百米宽的大理岩带。大理岩化带也是寻找矽卡岩型矿床的重要标志之一。

另外，在火山岩区，地表出现“面型”的硅化、高岭土化、绢云母化、明矾石化、硬石膏化等，其中部分地区的明矾石、高岭土、硬石膏构成了工业矿床。在一些斑岩体的周围也主要见到硅化、绢云母化，它们成为区内找矿的主要标志。此外，在一些断裂带中，也见到硅化等流体充填交代现象。

5.3.3 动力变质作用

区内动力变质作用主要与断裂构造作用有关，它分为碎裂岩类、糜棱岩类两类岩石系列，且与断裂带形成的构造层次相对应。

1. 碎裂岩类

与脆性断裂构造变形有关的岩石，主要包括构造角砾岩、碎裂岩，属于形成于浅表构造层次的构造岩。它与糜棱岩类岩石的主要区别在于：岩石主要受机械变形而破碎，矿物无重结晶现象发生、无明显的定向排列（面理化）。

2. 糜棱岩类

为形成于中浅层次的构造岩，它主要与韧性变形有关，其显著的特点是：岩石、矿物具有强烈的细粒化、重结晶和面理化现象，并呈线性带分布。

5.4 构　造

安徽南部有三个构造单元组成：下扬子凹陷、江南隆起带和钱塘凹陷（图 5.1）。地质构造演化较为复杂，先后经历了晋宁、加里东、海西、印支、燕山及喜马拉雅期构造运动，不同构造运动时期的沉积特征、岩浆活动、变质变形及成矿作用均各具特色，且后期构造对前期构造多有叠加改造（图 5.1）。

5.4.1 断裂构造

区内断裂构造发育，主要断裂有江南深断裂、皖浙赣深断裂、绩溪断裂、休宁断裂、周王深断裂等。

1. 江南深断裂

该断裂斜贯于皖南山区，自北而南经宣城、泾县、石台县七都、东至县平原（葛公镇）与江西古沛（修水）—德安深断裂相接，向北延至江苏溧阳一带，在安徽省境内长约 265 km。断裂面在南、北两段向南东倾斜，中段七都一带倾向北西，倾角 60° ~ 70°。

本断裂对该区早古生代地层厚度、岩相、岩性、生物群等具有明显的控制作用。断裂北西侧的寒武系—奥陶系以石灰岩和白云岩为主，富含三叶虫和头足类化石，属扬子型动物群，即东南型与华北型之间的过渡型，南东侧以泥质条带灰岩、钙质页岩及砂页岩为主，晚奥陶世还发育复理石沉积，含球接子、笔石等化石，属东南型动物群。断裂两侧的印支期褶皱也有显著差异。

此外，章家渡、广阳晚白垩世盆地沿断裂串珠状排列，章家渡—蔡村一线，还控制着燕山早期花岗岩及二长花岗岩的分布。这就说明，该断裂对燕山期岩浆及沉积作用也有一定的控制作用。断裂对内生金属矿产的控制作用也较明显，其北侧成矿较好，南东侧较差。

2. 皖浙赣深断裂

该断裂斜贯皖东南地区，自北而南经广德县虎岭关、宁国县宁国墩、绩溪县大坑口、歙县、屯溪、休宁县瑶溪、月潭，向南与江西丰城—婺源深断裂相接，在安徽省境内长 165 km。断裂走向为 40°~50°，断层面以倾向南东为主，倾角多变，陡者直立，缓者 20°~30°，断裂带宽达 24 km。

北段发育在震旦系及寒武系内，南段发育于上溪群中。断裂控制青白口系沥口群和井潭组中酸性火山岩的分布，印支期刘村花岗闪长岩岩体及燕山期伏岭花岗岩岩体沿断裂产出，月潭一带有超基性岩岩脉侵入。

重力向上拓展 20 km，绩溪以南梯变带仍有显示。

据断裂控制晚元古代火山岩和强烈的片理化带仅发育于青白口纪地层及晚南期岩体内等现象，推测其形成于皖南期，皖南期末活动强烈，印支期及燕山期活动微弱。属壳断裂。

3. 绩溪断裂

自北而南由郎溪县庙西经广德县独树街、宁国、绩溪、休宁县五城，向南进入江西境内，向北延入江苏。在安徽省境内长约 240 km。断层面倾向南东，倾角 30°~45°，局部 50°~70°。破碎带宽数米至数十米，断距数百米至数千米。

断裂主要发育于上溪群至志留系中。沿断裂岩石破碎，角砾岩化、糜棱岩化、硅化、片理化强烈，褶曲发育，时见擦痕及构造凸镜体。断裂沿线，串珠状地分布着宣城晚侏罗世火山岩盆地及金沙、绩溪早白垩世盆地。寒武系自东向西逆冲在早白垩世地层之上。

磁场特征清晰，西侧为高背景正异常密集带，东侧为低缓而零星的正异常。重力仅于北段有异常显示，说明断裂切割深度由南向北变深。

断裂起始于燕山中期，燕山晚期活动强烈。

4. 休宁深断裂

断裂位于皖南南部，自祁门县沥口，向东经休宁、歙县岩寺以南、三阳坑之北，于昱岭关北进入浙江境内，在安徽省境内长约 144 km。

青白口纪酸性侵入岩及燕山中期超基性、基性、中酸性侵入岩沿断裂呈弧形分布。断裂切割古近纪之前所有地层，中晚元古代变质岩普遍压碎、糜棱岩化，岩层强烈揉皱。沥口至岩寺一带，破碎带一般宽数十米，局部宽达 300~500m，白垩纪红层也见有宽达数米至 20 m 以上的破碎带，断层面南倾，局部直立。

重力异常反映为正负异常交变带，磁场表现为北侧高背景值与南侧低背景值的正异常突变带。

据此判断，休宁深断裂起始于皖南旋回的晚期，燕山中期活动强烈，喜马拉雅早期又有活动，属壳断裂。

5. 周王深断裂

该断裂为横亘于皖南山区北麓的隐伏深断裂。西起贵池县城北、向东经青阳县木镇、南陵县烟墩铺、泾县田坊、宣城县周王、广德县独树街后延入浙江省境内，在安徽省境内长约200 km。

断裂北侧主要为白垩系，组成沿江丘陵，南侧为古生界，组成皖南山区。沿断裂，岩石硅化、角砾岩化强烈，在泾县、周王、清峰山、水东一线形成所谓“稽亭岭角砾岩”。始新世橄榄玄武玢岩、橄榄辉绿（玢）岩及苦橄玢岩见于断裂西段北侧。重、磁异常交变特征带明显，莫霍面亦反映为近东—西向梯变带。

据岩相古地理资料分析，早志留世中晚期，石台—黄山一线东西向坳陷叠加于早期北东向坳陷之上，至中志留世坳陷持续下降，深达1400 m，说明断裂此时已经形成，燕山晚期或喜马拉雅早期再次活动。属壳断裂。

5.4.2 褶皱构造

区内褶皱主要分为前南华纪基底褶皱和后南华纪盖层褶皱，前者形成障公山复背斜、东南区基底褶皱，后者形成绩溪—宁国复背斜、仁里复向斜、逍遥复背斜等。

1. 障公山复背斜

发育于西部以及与江西接壤地带，组成基底褶皱。溪口群的漳前组、板桥组、木坑组组成褶皱强烈、规模不等的同斜倒转背向斜，局部地段发育扇形褶皱。褶皱轴面多向南倾，部分倾向北，轴向一般呈北东东向，部分地段为近东西向。总体构成东西向的巨型复式背斜构造，传统上称为障公山复背斜。

2. 东南区基底褶皱

东南区基底褶皱主要由西村组和井潭组等火山岩组成，褶皱呈假单斜，褶皱岩层为强片理化的千枚岩、（中）基性火山岩、次火山岩等。

3. 绩溪—宁国复背斜

该背斜核部大面积的出露南华纪休宁组，翼部最新地层为志留系。该褶皱西起绩溪县城，经杨溪，至宁国敦一线，长约60 km，宽约10余公里，轴向35°~40°，主褶皱轴面倾向南东，倾角60°~80°。

4. 仁里复向斜

位于绩溪县的石榴村、仁里、大坑口，直至浙江境内三岛石坞，北西以绩溪—宁国复背斜为界，南东被伏岭复式岩体及隐伏断裂分割。褶皱轴向总体呈北东—南西向展布，长约60 km，宽约5 km。

5. 逍遥复背斜

位于东部皖浙交界处的清凉峰以北，西北部与仁里复向斜毗邻，后被伏岭复式岩体侵入，往东延出省外，轴向总体呈北东东向。核部由逍遥背斜组成，轴向北东60°，轴面直立。核部出露休宁组中、下段，北翼仅出露休宁组上段，南翼地层出露齐全，包括休宁组、雷公坞组、蓝田组和皮园村组。

5.5　地质环境及地质灾害

5.5.1　工程地质环境

区内地形一般以中低山地貌为主，地面标高一般为500~800m，山峰挺立，地形切割强烈，地表水系为长江水系。出露新元古代浅变质岩系、古生代、中生代地层及燕山期岩浆岩。浅变质岩系主要为板岩、千枚岩及变砂岩，薄-中厚层状结构，强度变化大，干抗压强度在29400~118000 kPa，易软化。由于岩石变质，风化强，小型的崩塌、滑坡较发育；燕山期岩浆岩主要由花岗岩和花岗闪长岩组成，质地坚硬，块状结构，干抗压强度在135000 kPa。古生代、中生代地层的岩性主要为砂岩、砂砾岩、粉砂岩、砂页岩及中厚层状的石灰岩。由于近代人类活动对环境的强烈干扰，加之该区为地壳上升区，山高坡陡，岩石裸露，风化剧烈，降雨充沛等因素，侵蚀、剥蚀作用强烈，水土流失，滑坡、崩塌、泥石流较为发育。

5.5.2　水体污染

地表水：区内水资源丰富，降水充沛，因降雨变率较大，沿湖地形低洼地区易发生洪涝灾害。

地下水：区内的部分浅层地下水受到不同程度地污染，但从目前掌握的资料来看，地下水污染较轻，只在小城市附近的地下水污染较重，均属轻度污染或未污染。地下水的污染物主要有氯化物、硫化物、三氮及五项毒物（酚、氰、汞、铬、砷）等。其主要原因有矿山开发引起的污染，这是由于矿山产生的“三废”在雨水淋滤作用下，沿着地表岩土的各种空隙或开采的老窿下渗污染周围地下水；城镇的工业和生活“三废”，沿包气带下渗或沿污染的地表水体的下渗污染浅层地下水；农药、化肥的大量施用，引起土壤和地下水的污染。

5.5.3　地质灾害

区内地质灾害主要为崩塌、滑坡和泥石流，少量采空塌陷（矿床采空后形成的地面塌陷）。

区内地处皖南山区，崩塌滑坡是常见的地质灾害，分布范围广，危害最为严重，公路、铁矿沿线尤其发育，规模以中小型为主，类型以岩土混合型为主。主要发生于中-低山、高-低丘，岩性主要发生在砂岩、页岩、千枚岩、板岩分布地区，其发生与降水量及降水强度有关，受降水量的影响，每年的汛期是崩塌、滑坡灾害的多发期。主要因为人类不合理的工程活动破坏了稳定的地质环境。

泥石流主要分布于人口密度较集中的皖南山区，规模较大、损失较重，多分布于低山、高丘地区；沟谷由自然冲沟或谷地构成，呈不规则带状展布，主要发生在页岩、泥岩、千枚岩、砂岩分布区。泥石流均发生在年降水量>1300 mm 地区，发生时间在每年的汛期，集中降水、降水强度>50 mm/h。引发泥石灾害主要与陡坡垦殖有关，由于植被破坏，水土流失严重，为泥石流的形成提供了丰富的碎屑物质来源。

第 6 章　观察路线和内容

6.1　休宁蓝田南华系—寒武系地层及冰川沉积观察路线

南华系—震旦系剖面沿休宁蓝田—黄山汤口公路展布，地层出露较好，依次为新元古代浅变质岩，南华系休宁组、雷公坞组，震旦系蓝田组和皮园村组，寒武系荷塘组，连续分布，产状稳定，倾向南（图 6.1）。

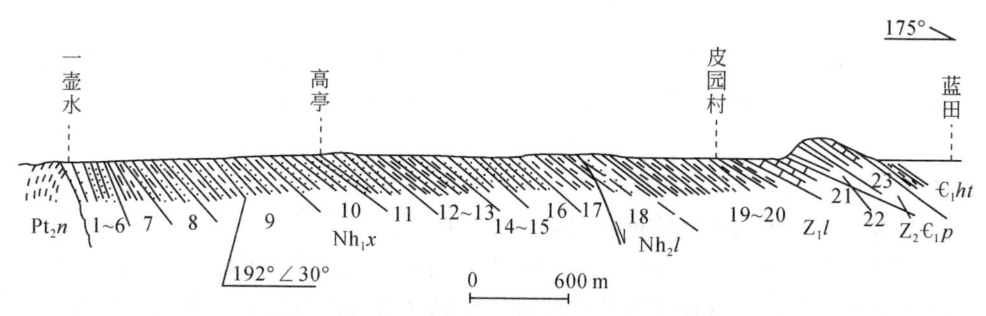

Pt_2n：牛屋组；Nh_1x：休宁组(1~17)；Nh_2l：雷公屋组(18)；
Z_1l：蓝田组(19~21)；$Z_2€_1p$：皮园村组(22~23)；$€_1ht$：荷塘组

图 6.1　休宁县蓝田南华—震旦系剖面图

下南华统休宁组（Nh_1x）：分为三部分：下部为青灰和紫红色厚层砾岩，灰白、灰绿及紫红色含砾粗粒长石石英砂岩、细砂岩、粉砂岩粉砂质泥岩，厚 582 m，发育交错层、波痕及波状微层理。砾石成分为千枚岩，板岩及脉石英，砾石多呈次棱角状，砾径一般 1 ~ 4 cm，砾石含量 25% ~ 70%，砂泥质胶结；中部为灰绿、灰白、灰紫色细砂岩、泥质粉砂岩、泥岩夹粉砂岩，具平直微细层理，厚 514 m；上部为细粒凝灰质砂岩、粉砂岩、粉砂质泥岩组成韵律层，具交错层理，厚 288 m（图版 1）。

本组不整合覆盖于新元古代浅变质岩系之上（图 6.1）。

上南华统雷公坞组（南沱组）（Nh_2l）：岩性主要为深灰、灰绿色厚层含砾凝灰岩、含砾千枚岩、粉砂质泥岩等，绢云母化，层理不清，砾石成分复杂，以石英为主，次为砂岩、花岗岩、板岩等。砾石分选差，多呈次棱角状，大小不一，最大粒径可达 100 cm，最小 0.2 ~ 0.5 cm，一般 1 ~ 2 cm，砾石含量 10% ~ 20%。胶结物以泥质和凝灰质为主，大多已绢云母化。上部为含锰白云岩（图版 2 ~ 图版 3），厚约 13 m，与下伏休宁组为假整合接触。

雷公坞组深灰色含砾千枚岩中含微古植物化石：原始球形藻 *Protosphaeridium* sp.，光球藻 *leiopsophosphaera* sp.，赫台达穴面球形藻 *Trematosphaeridium cf. holtedalii*，穴面球形藻 *T.* sp.，植物碎片 *Lignum* sp.，带藻 *Taeniatum* sp.，厚带藻 *T. crassum*，模糊多孔体 *Polyporata cf. obsoleta*。

下震旦统蓝田组（Z_1l）：自下往上分为五部分：底部为浅灰、白色薄-厚层白云质灰岩，含星点状黄铁矿的灰质白云岩，并含褐铁矿，厚6.6 m；下部为黑、灰色薄-中层炭质页岩、泥岩，向上含细脉状和条带状黄铁矿，炭质泥岩有时夹煤，含丰富的微古植物及宏观藻类化石，厚45.37 m；中部为黑、深灰色薄-中层含硅质炭质页岩与泥炭质白云岩互层，厚41.36 m；上部主要为浅灰-灰色薄层条带状白云质泥灰岩，其底部为中厚层泥质、灰质白云岩，向上出现含数层0.05 ~0.2 m厚的结核状、星点状黄铁矿层，厚19.60 m；顶部为黑色薄-中层炭质页岩及含炭质泥岩，厚19.60 m。在该剖面，蓝田组厚135m。

蓝田组白云质灰岩和炭质页岩中，含微古植物化石：显著粗面球形藻（比较种）*Trachyspheridium cf. rude*，原始球形藻 *Protosphaeridium* sp.，雾迷山糙面球形藻 *Asperatopsphosphaera umishanesis*，瘤面球形藻 *Lophosphaeridium* sp.，厚带藻 *Taeniatum crassum*。

在皖南以及浙江西北，蓝田组蕴藏有铁锰矿床和银铅锌矿床，层控特征明显。根据对区域地质、矿床的地质特征和地球化学特征研究，表明矿床主要成因于海底喷流沉积。根据常量元素 Fe \ Ti-Al \（Al+Fe+Mn）图解，蓝田剖面蓝田组底部的硅质岩也属于海底喷流沉积，含锰碳酸盐岩形成于海底喷流沉积与盆地沉积的过渡区域，而中部的黑色页岩和泥晶灰岩属于盆地沉积。

海底喷流作用不仅形成了银铅锌多金属矿床和铁锰矿床，而且由于锰的扩散作用，还形成了数千平方公里的含锰碳酸盐岩（李双应，2001）

上震旦统皮园村组（$Z_2\epsilon_1p$）：岩性单一，以中厚层黑白条纹相间的硅质岩为主，夹硅质页岩，顶部为数米至数十米厚的灰色钙质或白云质石英砂岩或钙硅质泥岩。与下伏蓝田组整合接触，厚214m。

皮圆村组硅质岩中含微古植物化石：显著粗面球形藻（比较种）*Trachyspheridium cf. rude*，瘤面拟环球形藻（比较种）P*seudozoonsphera of. verruoosa*，雾迷山糙面球形藻 *Asperatopsphosphaera umishanesis.*

观察路线：汤口镇——壶水—高亭—孔坑—蓝田镇（沿黄山—蓝田公路）

观察内容：

（1）野外地质图读图；

（2）记录本的使用与记录方法；

（3）学会使用罗盘测量产状；

（4）观察主要地层：南华系休宁组（Nh_1x）、南沱组（Nh_2n）；震旦系蓝田组

(Z_1l)、皮园村组（$Z_2Є_1p$）地层；观察沉积构造；

（5）观察主要岩石类型：板岩、砾岩、砂岩、冰碛砾岩、白云岩、泥灰岩、炭质页岩、泥岩、硅质岩等；

（6）观察冰川沉积；

（7）蓝田生物群，蓝田组采集化石；

（8）观察岩体侵入接触关系；学会绘制素描图。

观察点 1：一壶水

GPS 坐标：N29°57′51.6″；E118°25′46.2″

观察内容：

（1）在此点，让学生打开 GPS，根据 GPS 显示的坐标，在地质图上找到自己所在的地理和地质位置；

（2）讲解记录本的使用与记录方法；

（3）此处为休宁组地层底部砾岩，观察砾岩的总体面貌（颜色、层理构造、接触关系等特征）；观察砾石的形状、大小、成分、分选性、含量，胶结物和填隙物的成分等；追索休宁组与牛屋组地层界线；测量地层产状。

观察点 2：103 省道 316 段公路旁

GPS 坐标：N29°56′11.0″；E118°05′12.4″

观察内容：休宁组岩性及沉积构造观察

此点为休宁组厚块层状紫红色砂岩夹薄层灰绿色凝灰岩。可见水平和波状构造（图版 1）。观察紫红色砂岩和灰绿色凝灰岩的岩性特征；观察岩层厚度和层理类型；观察层面构造；测量前积层的产状，判断古水流方向；测量岩层产状。

观察点 3：103 省道新路与旧路交叉处

观察内容：观察雷公坞组（Nh_2l）冰川沉积

世界许多地区新元古代地层中发育一至两层冰碛岩（Hoffman et al.，1998；Knoll，2000），中国南方下震旦统中也广泛发育一层至两层冰碛岩，在新疆库鲁克塔格地区甚至可以见到三套冰碛岩（高振家等，1985）。在冰碛岩之上往往沉积有碳酸盐岩盖层（Cap Carbonate）。距今 6 亿～8 亿年间的冰川活动是全球性事件（Hoffman et al.，1998），其中最著名的一次冰期（即 Marinoan 冰期）发生在距今 6 亿年左右，几乎在现今所有大陆上都留下了可靠的记录，在中国南方称之为南沱冰期。

皖南地区震旦系冰碛地层最初被称为“蓝田冰碛层”，为李毓尧等（1938）创名，并长期沿用。由于它与上覆的蓝田组重名，而又与浙西雷公坞组出露的一套冰水沉积的杂砾岩相似，故改称雷公坞组（张启锐等，1993），并与峡东的南沱组对比。

休宁县蓝田镇附近北北东向断层发育，由于受断层的影响，震旦系地层，尤其是冰碛地层出露虽好但不十分连续。但仍可清楚地观察到冰碛岩以及上部的含锰碳酸盐岩（图版3～图版4）。

此处观察冰碛砾岩的总体面貌（颜色，定向性等特征）；观察砾石的形状、大小、成分、分选性、含量，胶结物及填隙物的成分等。观察含锰白云岩特征（例如具砂感的露头面，侵蚀形成的沟痕，锰污手，呈褐红色）。

观察点4：103省道观察点3南100 m

观察内容：

（1）观察蓝田组（Z_1l）岩性特征：灰色-灰黑色条带状泥灰岩，泥岩和炭质页岩，水平纹层发育，见黄铁矿颗粒（星点状或团块状）；

（2）观察蓝田生物群，寻找和采集化石。蓝田生物群是地球上最古老的宏体真核生物化石群，距今约6亿年。

地球上最早的生命是单细胞原核生物，其起源于距今38亿年之前的海洋中。大约在距今25亿年左右，地球大气圈中出现了氧气，真核生物也随之起源，当时地球上的生物主要是微体单细胞生物。

多细胞宏体生物的出现是生命进化史上极为重要的革新事件。生物多细胞化后，才有细胞分化、组织分化，从而进一步出现器官的分化，生物也就具有了不同的结构和形态。蓝田生物群正是这一重要生命进化历程的见证。

蓝田生物群产于休宁县蓝田地区埃迪卡拉系蓝田组的黑色页岩中。雪球事件过后，温暖气候回到了地球，蓝田生物群就生活在这一时期温暖海洋中的静水环境，水深在50～100 m。

蓝田生物群中有扇状、丛状生长的多种海藻，也有类似腔肠动物或蠕虫类的动物（图版5）。它们形态各异，已经发现的类型超过了15种。

观察点5：103省道观察点4南约10 m

观察内容：观察闪长岩体的产状；闪长岩岩石特征：灰白色，粒状结构，块状构造，主要造岩矿物类型（斜长石，角闪石，钾长石和少量石英），以及借助放大镜估计各主要矿物的含量；观察岩体与围岩蓝田组（Z_1l）接触带：烘烤边、冷凝边特征，以及是否有捕虏体；判断和理解岩体与围岩的接触关系；了解闪长岩形成时代的相对和绝对年龄。

观察点6：观察点5南150 m（孔坑村）

观察内容：观察皮园村组（$Z_2Є_1p$）硅质岩特征：黑色，薄层到中层，质地坚硬，断口平直，锋利，成分主要为二氧化硅，岩石褶皱变形（图版6）；寻找皮园村组硅质岩中的沉积构造，例如层理、冲刷面等，确定硅质岩的沉积环境。

6.2　油竹坑—羊栈岭新元古代地层及海底扇沉积观察路线

皖南青白口纪邓家组、铺岭组出露于江南古陆东段北缘，东至官港、祁门邓家、黟县甲溪、歙县寨西、绩溪北部一线，向西延伸到江西庐山地区，近东西走向，长约 300 km。

1962 年，南京大学地质系夏邦栋将皖南祁门—歙县以北地区震旦纪休宁组之下的岩系命名为沥口群，包含羊栈岭组和铺岭组。将铺岭组置于羊栈岭组之下。

路线：黄山区—焦村—郭村—羊栈岭隧道，沿黄山区至黟县 218 省道观察

观察内容：

（1）新元古代铺岭组火山岩地层；

（2）新元古代羊栈岭组石英岩；

（3）新元古代羊栈岭浅变质岩地层、岩石观察；

（4）沉积构造、海底扇沉积特征观察。

观察点 1：油竹坑

GPS 坐标：N30°04′52.3″；E117°57′52.1″

观察内容：

（1）观察铺岭组火山岩岩石特征：灰紫色、浅灰绿色，主要岩性为绿帘石化、阳起石化流状玄武岩、橄榄玄武岩、杏仁状玄武岩和安山玄武岩、凝灰岩、中酸性火山灰层状凝灰岩及石英砂岩。从下至上可划分为三个火山喷发旋回，每一个旋回由下部基性熔岩和上覆凝灰岩组成。观察杏仁、气孔构造（图版 7）。

（2）观察矿化蚀变现象：在本组近底部处，含星散粒状及细脉状之辉铜矿 1 ~ 2 层，常见孔雀石、蓝铜矿等附于裂隙或层面上，矿化层厚 0.4 ~ 0.8 m；本区普遍出现青盘岩化、绿泥石化、绿帘石化等蚀变，致使岩石普遍成绿色。

观察点 2：扁担铺

观察内容：羊栈岭组顶部石英砂岩和上部地层构造观察

羊栈岭组顶部为灰白色厚层石英砂岩，单层厚 50 ~ 100 cm，局部含砾，层面比较平整，砂岩的成分成熟度和结构成熟度较高，代表着陆棚-滨岸沉积，厚约 30 余米（图版 8）。

羊栈岭组上部主要为灰色、浅灰色砂岩，其次是深灰色泥岩和粉砂岩。泥岩和粉砂岩一般厚 5 ~ 20 cm 不等，常常呈夹层出现于砂岩之间。砂岩多为中厚层-厚层状，与下伏的泥岩之间为非正常沉积接触，多为侵蚀接触。砂岩中斜层理发育。上部底层厚度达数百米，代表海底扇根部沉积，砂岩属于水道沉积，粉砂岩和泥岩属于斜坡沉

积（图版9）。

观察点3： 218省道榧树村

观察内容： 羊栈岭组中部岩性、沉积构造和海底扇沉积层序观察

羊栈岭组中部以泥岩、粉砂岩夹杂砂岩、砾岩组成，细粒碎屑岩厚度大于粗碎屑岩。

砾岩和砂岩层多为透镜状、舌状体，与下伏泥岩为侵蚀接触，主要属于重力流沉积。局部也发育水下牵引流构造，如斜层理、深水波痕等可见。粉砂岩和泥岩中滑塌构造发育，包卷层理、火焰状构造常见（图版10）。代表海底扇的内扇和中扇沉积。

观察点4： 羊栈岭隧道两侧

观察内容： 羊栈岭组下部岩性和海底扇沉积相观察

该地地层近直立，主要为深灰色薄层泥岩和粉砂岩，单层厚1～3 cm，偶夹砂岩。粉砂岩中发育Bouma序列，单个旋回厚1～3 mm，局部具有起伏不平的冲刷界面，属于远端浊积岩（图版11），代表着海底扇的外扇沉积以及盆地平原沉积。

羊栈岭组杂砂岩中石英含量25%～80%；岩屑含量最高达48%，平均为32%；长石含量平均为18%。石英有单晶石英与多晶石英。单晶石英中有的晶粒为自形，横切面近于六边形，有的晶粒具有弧形边或成为港湾状，这些石英应该为火山喷发物。有的单晶石具有交代穿孔构造，应来自花岗岩。多晶石英约占石英总数的1/4，部分多晶石英是由5个以上且大小参差的石英晶粒集合而成，晶粒的边棱或较平直，或为锯齿状，这种多晶石英应来自变质岩石。部分多晶石英由大小均匀而且数量较少的石英晶粒集合而成，应来自花岗岩类岩石。岩屑中以火成岩屑最多，约占岩屑比例1/3～1/2。主要是安山岩、安山玄武岩、英安岩、流纹岩、火山玻璃，以及少量花岗岩屑。火山岩屑的表面干净，棱角鲜明，没有遭受过侵蚀的明显痕迹，这些火山岩屑主要应是同期火山喷发之产物。千枚岩及板岩岩屑也较普遍，此外还见到一定数量的泥质岩及硅质岩岩屑。

长石主要是中酸性斜长石及正长石，还有少量条纹长石和微斜长石，它们应来自于中酸性侵入岩及喷出岩。

碎屑颗粒的分选较差，磨圆度为差到中等，基质含量达20%～40%，主要成分为泥质，含少量硅质及钙质胶结物。

杂砂岩的QFL判别表明，羊栈岭组物源区为再旋回造山带和岩浆弧，元素地球化学表明，物源区主要为活动大陆边缘（夏邦栋等，1993）。因此，综上所述，羊栈岭组主要形成于弧后盆地构造背景。

6.3　宁国县胡乐镇奥陶系地层和古生物观察路线

安徽省宁国县胡乐地区是我国奥陶系的重要代表剖面所在地之一。早在20世纪

30 年代，许杰（1934）首先调查了本区的奥陶系，创建了宁国页岩和胡乐页岩两个著名的岩石地层单位。俞剑华等（1983，1986）在胡乐镇北约 300 m 的公路西侧山坡上原划为上寒武统的西阳山组上部的灰岩中发现了大量反称笔石类化石，证实了西阳山组上部应为早奥陶世新厂期早期地层，西阳山组为跨寒武系与奥陶系的岩石地层单位。

安徽宁国胡乐地区奥陶纪地层发育、出露齐全，层序清楚，化石丰富，与下伏晚寒武世至早奥陶世西阳山组、上覆晚奥陶世至早志留世霞乡组及系内各组间均为连续沉积、整合接触。本区奥陶系自下而上为谭家桥组、宁国组、胡乐组、砚瓦山组、黄泥岗组、新岭组。

剖面沿旌德县—胡乐公路分布，露头良好，剖面连续，界线清楚，地层产状稳定，倾向 NNE5°，倾角 40°（图版 12）。

路线：谭家桥—旌德—胡乐（323 省道旌德—胡乐公路段）

观察内容：

（1）观察奥陶纪地层（谭家桥组、宁国组、胡乐组）；

（2）观察中—下奥陶统宁国组、中—上奥陶统胡乐组剖面、岩性、接触关系；

（3）采集三叶虫和笔石化石；

（4）测量产状，初步学会绘制信手剖面图。

观察点 1：323 省道（旌德—胡乐公路）大桥西 500 m 乡间公路旁

GPS 坐标：N30°19′12″；E118°09′12″

观察内容：谭家桥组（O_1t）岩性、沉积构造、构造和化石观察

本组岩性为灰绿、灰色钙质页岩、瘤状泥灰岩（图版 13）和灰岩透镜体，厚约 380 ~ 480 m。根据岩石学特征和沉积构造判别，谭家桥组主要属于斜坡道盆地沉积。

谭家桥组可分一个化石带、两个化石层。顶部为三叶虫 *Asaphopsis-Basilicus* 层，中上部为笔石 *Clonograptus flexilis taipingensis* 带，底部为笔石 *Dictyonema-Bryograptus* 层。

谭家桥组页岩中发育次级小褶皱和断层。观察褶皱（向斜）各要素；判断断层的性质。

观察点 2：323 省道大桥向前 50 m 公路旁

观察内容：宁国组（$O_{1-2}n$）岩性及化石观察

中下奥陶统宁国组（$O_{1-2}n$）：厚约 140 m，上部为黑色硅质页岩，风化后呈粉红色，下部为暗灰色、青灰色页岩，具微细层理（图版 14）。可见较多的黄铁矿颗粒，含笔石化石：*Cardiograptus amplus*，*Trigonograptus ensiformis*，*Tetragraptus bigsbyi*，*Glyptograptus gracilicormis*，*G. sinodentatus*，*Phyllograptus anna.*

此外，在宁国组页岩中发育纹层构造，由粉砂岩组成，厚 1 ~ 2 mm（图版 15）。通过放大镜观察，可以见到粒序层理以及底部不平整的接触面，属于浊流成因的

Bouma 序列，为远端浊积岩，表明宁国组主要属于盆地和盆地边缘沉积。

观察点 3：323 省道大桥向前约 200 m 公路旁

观察内容：宁国组（$O_{1-2}n$）和胡乐组（$O_{2-3}h$）岩性、接触关系及化石观察

该点为宁国组（$O_{1-2}n$）和胡乐组（$O_{2-3}h$）界线点，两组接触面平整，产状一致，岩性和化石连续，为整合接触。该地也是胡乐组层型界线，并由中国科学院南京地质古生物研究所立碑为标志（图版 12）。

碑的右侧为中上奥陶统胡乐组（$O_{2-3}h$）：厚约 40 m，自上而下为：暗灰色页岩，风化后呈粉红色、黄棕色。含笔石：*Dicellograptus sextans exilis*，*D. smithi*，*Dicranograptus nicholsoni diapsin*，*Orthograptus* sp.，厚 11 m。黑色硅质层夹硅质页岩，风化后呈灰白色，化石稀少，含笔石：*Climacograptus* sp.，厚 29.0 m。

碑的左侧为宁国组（$O_{1-2}n$）暗灰色、青灰色页岩，含笔石化石。

地层产状：5°∠40°

6.4　黟县宏村—西递古民居及震旦纪—寒武纪地层、石煤沉积观察路线

路线：休宁渔亭—黟县西递—宏村

任务：

（1）观察震旦纪—寒武纪地层的岩性特征；

（2）观察新元古代西村岩组（Pt_3x）地层的岩性特征；

（3）学习地层信手剖面绘制方法；

（4）参观古民居——西递或宏村。

观察点 1：省道 218 44～45 km 处

GPS 坐标：N29°50′40.9″；E117°58′35.9″

观察内容：

（1）认识新元古代西村组火山岩基本特征，并描述岩性特征；

（2）观察玄武岩的枕状构造，理解玄武岩柱状节理和枕状构造的区别；

（3）观察非金属矿山露天采坑和采矿生产活动，认识矿床和矿山，认识边坡坍塌；

（4）观察矿山附近生态环境。

采矿活动不可避免地会破坏矿山周围的环境。大量的元素迁移分散进入环境污染土壤、地表水和地下水，废石压占土地，破坏植被，破坏自然景观等。人类不能为了保护环境而停止采矿，但是应该在采矿过程中尽量减少对环境的破坏，在矿山闭坑后通过矿山复垦恢复生态环境。

观察点 2：黟县砖瓦厂向南 50 m 河坝处

观察内容：震旦纪皮园村组岩性及构造观察

（1）认识沉积岩的基本特征，并描述皮园村组岩性特征；

（2）远观背斜构造（图版 16），并作素描图；

（3）测量岩层产状；

（4）观察断层的特征。

观察点 3：省道 218 和通向西递公路的乡村公路大约 500 m 处

观察内容：

（1）观察和描述荷塘组岩性特征；

（2）测量岩层产状；

（3）学习地层信手剖面绘制；

（4）了解石煤知识。

石煤是一种含碳少、发热值低的劣质无烟煤，也是一种低品位多金属共生矿。

石煤主要发育于寒武纪的古老地层中，由菌藻类等生物遗体在浅海、泻湖、海湾条件下经腐泥化作用和煤化作用转变而成。外观像石头，肉眼不易与石灰岩或炭质页岩相区别。是一种高灰分（一般大于 60%）深变质的可燃有机矿物。

含碳量较高的优质石煤呈黑色，具有半亮光泽，杂质少，相对密度为 1.7～2.2。含碳量较少的石煤，呈偏灰色，暗淡无比，夹杂有较多的黄铁矿、石英脉和磷、钙质结核、相对密度在 2.2～2.8 之间。石煤发热量不高，在 3.5～10.5MJ/kg 之间，是一种低热值燃料。热值偏高的石煤，在改进燃烧技术后，可用作火力发电的燃料，石煤可用作烧制水泥、制造化肥，灰渣制碳化砖等。伴生有矾的石煤，可提取五氧化二钒。

目前，在我国石煤资源中已发现的伴生元素多达 60 多种，其中可形成工业矿床的主要是钒，其次是钼、铀、磷、银等。含钒石煤遍布我国 20 余个省区，仅浙江至广西一条长约 1600 多公里的石煤矿，就蕴含着 1 亿吨以上的五氧化二钒。

石煤含钒矿床是一种新的成矿类型，称为黑色页岩型钒矿，它是在边缘海斜坡区形成的，主要含钒矿物是含钒伊利石。我国石煤资源的主要利用途径是石煤发电、石煤提钒及用于建材工业。但绝大部分石煤中钒的品位很低，五氧化二钒含量多在 0.8% 以下，要进行提钒技术难度极大。

观察点 4：西递、宏村

位置 1：西递

观察内容：西递古民居

西递村属于黟县东源乡，距黟县县城 8 km，距休宁渔亭镇 10 km，距黄山风景区仅 40 km，素有“桃花源里人家”之称，始建于北宋皇佑年间，发展于明朝景泰中叶，鼎盛于清朝初期，至今已近960余年历史。但是，她历经数百年社会的动荡，风雨的侵袭，虽半数以上的古民居、祠堂、书院、牌坊已毁，但仍保留下数百幢古民居，从整体上保留下明清村落的基本面貌和特征。

当来到西递村口，一座兴建于明万历六年（1578年）的“胡文光牌坊”，俗称“西递牌楼”，高高耸峙在眼前，上有“恩荣”二字，代表着皇恩与胡氏家族曾经的荣耀（图版17）。胡文光牌坊的雄伟和精致，堪称明代徽派石坊的代表作。过牌坊，进古村，有一“走马楼”，又名“凌云阁”，为抛绣球、拜天地集会之场所。

在西递村，整个村庄以敬爱堂为中心布局，前后小溪衬托，上下村庄呼应。共完好保存122幢清民居建筑，村落空间变化错落有致，民居多为两层或三层徽派建筑，灰白色的墙、青黑色的瓦、飞翘的檐角、还有那层层叠叠的马头墙。

敬爱堂面积1800 m^2，下厅两根黑色大理石柱与上厅两根果木柱相对衬，承托着完整的梁架。民居大多以内向方形围绕长方形天井合院为基本单元的木架封闭式砖墙护围建筑，有三间、前后三间、廊步三间、四合、五间的二楼或三楼结构。门枋、门罩、漏窗均为砖雕、石雕，窗槛、裙板、栏板、窗扇、网格、梁垫等均为木雕。显示徽州石雕、砖雕、木雕艺术的精湛造诣，是民居建筑艺术的宝库。

村中三条街道全为青石铺地。溪两岸高墙深院，溪上横跨小石桥相通。村中尤以瑞玉庭、桃李园、西园、大夫第、惇仁堂、履福堂、笃敬堂、尚德堂、枕石小筑、仰高堂、青云轩等民居最为别致，为安徽省重点文物保护单位。著名建筑有明万历六年（1578年）建的青石牌坊，清康熙三十年（1691年）建的大夫第等。

2000年，联合国教育、科学及文化组织决定，将中国安徽古村落西递、宏村列入世界文化遗产名录。

位置2：黟县宏村

观察内容：游览宏村古建筑群

宏村，古称弘村，位于黄山西南麓，距黟县县城11 km，是古黟桃花源里一座奇特的牛形古村落（图版18）。整个村落占地30hm^2，枕雷岗面南湖，山水明秀，享有“中国画里的乡村”之美称。山因水青，水因山活，南宋绍兴年间，古宏村人为防火灌田，独运匠心开仿生学之先河，建造出堪称“中国一绝”的人工水系，围绕牛形建筑村落。九曲十弯的水圳是“牛肠”，傍泉眼挖掘的“月沼”是“牛胃”（图版19），“南湖”是“牛肚”（图版18），“牛肠”两旁民居为“牛身”。湖光山色与层楼叠院和谐共处，自然景观与人文内涵交相辉映，是宏村区别于其他民居建筑布局的特色，成为当今世界历史文化遗产之一。

全村现完好保存明清民居140余幢，承志堂“三雕”精湛，富丽堂皇，被誉为“民间故宫”。著名景点还有：南湖风光、南湖书院、月沼春晓、牛肠水圳、双溪映碧、亭前大树、雷岗夕照、树人堂、明代祠堂乐叙堂等。村周有闻名遐迩的雉山木雕楼、奇墅湖、塔川秋色、木坑竹海、万村明祠“爱敬堂”等景观。

6.5　泾县昌桥二叠系—三叠系地层层序及构造观察路线

观察路线： 谭家桥—仙源镇—泾县—昌桥（沿 205 国道）

观察内容：

（1）观察中二叠统—下三叠统地层层序及地层界线；

（2）观察孤峰组和大隆组硅质岩；

（3）观察银屏组和龙潭组砂岩；

（4）观察殷坑组薄层灰岩；

（5）观察碳酸盐碎屑流（风暴）沉积；

（6）绘制地层柱状剖面图。

自泾县昌桥向南，沿 205 国道，沿途可见中二叠统孤峰组、银屏组、上二叠统龙潭组和大隆组以及下三叠统殷坑组。地层沿公路出露较好，层序连续，产状基本稳定，倾向 SSE167°，倾角 60°。

孤峰组（P_2g）：下部黄色页岩，含酱紫色锰质页岩、硅质页岩以及扁豆状磷结核，含腕足类化石；上部灰黑色、黑色含硅质炭质页岩，偶夹灰岩透镜体，含腕足类化石：*Chonetinella substrophomenoides*，*Reticularia maueri* var. *altirngnesis*。厚 31. 5 ~ 44. 4 m，与下伏栖霞组整合接触。

银屏组（P_2y）：深灰色-灰黄绿色页岩、粉砂质页岩夹少量细砂岩。厚 29. 0 m，与下伏孤峰组整合接触。银屏组的时代归属还存在争议，一些研究者认为它属于晚二叠世。

龙潭组（P_3l）：分为上、中、下三部分。下部深灰色中细粒石英长石砂岩、细粒砂岩，厚约 70 m。中部为含煤层，为 B、C、D 三套含煤层，中间夹深灰色中粗粒石英长石砂岩。B、C 煤层均不稳定，每套含煤 0 ~ 3 层，煤层极薄，常常含炭质页岩。D 煤层较稳定，厚 0. 53 m，含腕足类化石：*Chonetinella substrophomenoides*；植物：*Pecopteris orientalis*，*Lepidodendron oculus-felis*，厚约 60 m。上部为深灰色至黑色薄层结晶灰岩，厚 0. 18 ~ 6. 3m。龙潭组厚 114. 8 ~ 158. 3 m，与下伏地层银屏组整合接触。

大隆组（P_3d）：黑色、灰黑色硅质岩、硅质页岩，夹深灰色微晶灰岩、泥灰岩，下部硅质层和微晶灰岩、泥灰岩发育平卧褶皱。大隆组产含双壳类化石：*Pseudomonotis* sp. 。厚约 26 m，与下伏地层整合接触。

殷坑组（T_1y）：底部为土黄色黏土，含砾石。灰黄色泥质页岩。含菊石化石：*Lytophiceras* sp. ，*Glyptophiceras* sp. ；腹足类：*Naticopsis* sp. 。灰色中厚层致密灰岩，夹砾屑灰岩。与下伏地层二叠系大隆组整合接触。

观察点 1： 孤峰组层序和岩性特征（图版 20），国道 205 泾县昌桥镇西北公路边

GPS 坐标：N30°45′41.9″；E118°24′27.1″

观察内容：

（1）观察孤峰组薄层硅质岩、硅质页岩等岩性特征；

（2）观察孤峰组下段含锰层以及磷结核；

（3）观察孤峰组层理构造，测量地层产状；

（4）观察化石；

（5）讨论硅质岩的成因以及磷结核的形成环境。

观察点 2：银屏组和龙潭组的层序和岩性特征，国道 205 泾县昌桥镇路牌附近

GPS 坐标：N30°45′14.0″；E118°24′28.2″

观察内容：

（1）观察银屏组地层层序；

（2）观察泥岩、页岩特征及风化后的形状；

（3）观察龙潭组地层层序，特别是注意含煤层序的特征（图版 22 ~ 图版 23）；

（4）观察砂岩的岩石学特征（图版 21）；

（5）观察沉积构造，测量前积层的产状测量；

（6）测量银屏组、龙潭组的产状，判断龙潭组合银屏组的接触关系。

观察点 3：大隆组层序、岩性以及构造，国道 205 泾县昌桥镇距观察点南约 200 m 公路东边

观察内容：

（1）观察大隆组地层层序及岩石学特征（图版 23）；

（2）观察大隆组下部的平卧褶皱特征，测量褶皱两翼的岩层产状，测量褶皱轴面产状，绘制素描图，并拍摄照片。

观察点 4：大隆组与殷坑组界线以及殷坑组层序（图版 24），观察点往南十几米公路西侧

观察内容：

（1）观察大隆组与殷坑组接触关系，测量大隆组与殷坑组地层产状；

（2）观察殷坑组地层及层序特征；

（3）观察砾屑灰岩的岩石学特征：包括砾石大小、含量、分选性等（图版 25），观察砾屑灰岩的沉积序列特征；

（4）讨论砾屑灰岩的成因；

（5）绘制大隆组和殷坑组界线附近的沉积柱状图。对剖面进行分层，进行分层编号，测量每一层的厚度，确定每一层的岩石类型和结构，记录岩石的颜色、发现的化石、沉积构造、砾石的大小以及地层的产状。

6.6　齐云山白垩纪红层以及丹霞地貌

齐云山又名白岳，位于安徽省休宁县，地理位置N29°47′~29°50′；E117°57′~118°03′。是国家地质公园，也是我国四大道教圣地之一（安徽齐云山、湖北武当山、江西龙虎山、四川青城山）。齐云山国家地质公园，东西长16 km，南北宽6.9 km，面积110 km^2。大部分相对高差在300~400 m，主峰钟鼓峰海拔585 m。地质公园以典型丹霞地貌为特色，辅以恐龙化石、道教文化、摩崖石刻于一体。明万历刻本《齐云山志》载："齐云一石插天，直入霄汉，真可与云齐也，故谓之齐云"。乾隆曾誉之为："天下无双胜境，江南第一名山"（图版26）。

齐云山发育白垩系地层，基底主要是元古代浅变质岩，缺失古生代和新生代地层。丹霞地貌发育在白垩系红色砂砾岩中，主要为上白垩统齐云山组和小岩组。

齐云山代表了距今约9000万年晚白垩世以来在地形发展过程中正在进行的地质作用的模式之一。齐云山丹霞地貌是在漫长的地质历史时期产生、演化而成。在距今9000万~6500万年间的晚白垩世沉积了紫红色砾岩、砂岩互层的浅湖相—山麓河流相沉积，组成了齐云山组和小岩组，期内有一次基性玄武岩喷发，构成了齐云山丹霞地貌的物质基础。而稳定成层产出的玄武岩又给丹霞地貌镶嵌了一个绚丽的"花边"。始于5300万年前的古近纪喜马拉雅运动使盆地全面抬升变为侵蚀区。在几千万年的抬升过程中，由于差异升降，齐云山地区的抬升幅度高于周边地区，相对高出100~300 m。抬升过程中形成的断裂、节理，形成了齐云山丹霞地貌的展布格局（图版27~图版28）；近水平的地层产状和岩性的差异，为平台、崖洞等丹霞地貌景观的形成提供了条件。地壳抬升、流水和重力作用是齐云山丹霞地貌景观形成的直接因素。其中流水的侵蚀作用最为显著，地面流水对岩层冲刷侵蚀，首先沿垂向张节理发育形成冲沟，流水继续冲刷侵蚀，冲沟加宽加深便形成沟谷。

路线：汤口—蓝田—齐云山

观察内容：

（1）白垩纪地层；

（2）红层沉积环境；

（3）丹霞地貌；

（4）遗迹化石——恐龙脚印；

（5）地面流水地质作用；

（6）道教建筑及文化。

观察点1：步云亭—玉虚宫

GPS坐标：N29°48′52.4″；E118°02′41.5″

观察内容：上白垩统地层

沿途所见均为上白垩统地层，包括齐云山组（K_2q）和小岩子组（K_2x）。

齐云山组为紫红色砾岩、砂岩及钙质粉砂岩互层的洪积与河湖相沉积，厚约300～400 m，在铛金街与下伏地层桂林组呈不整合接触。

小岩子组是构成齐云山丹霞地貌最主要的地层，分为上下两部分。下部由暗红色厚层砾岩及鲜红色厚层杂砂岩组成，砾石以千枚岩为主，一般大小为2～5 cm，大者可达25 cm，多呈次棱角状。分布于山麓地区如中和亭。齐云山小壶天及雨君洞的恐龙足迹化石赋存于小岩组第一大旋回（第一岩性段）顶部的钙质砂岩层面上；上部为砖红色厚层杂砂岩，常常与紫灰色巨厚层砾岩、紫红色巨厚层砂岩互层，发育有大型交错层理，主要分布于400m以上地区，属于山麓河流沉积。

观察点2：一天门

观察内容：红层沉积环境

在此处可以观察到红层沉积主要为山麓洪积以及河流沉积为主。冲刷充填构造、交错层理等沉积构造发育，常常发育由砾岩、含砾砂岩–砂岩–粉砂岩–泥岩组成的韵律层，砾石成分比较复杂，分选较差，次棱角状比较多见，粉砂质、泥质胶结（图版29）。

观察点3：月华街

观察内容：丹霞地貌（图版27～图版28，图版30）

齐云山地区的山体大致可以分为三个不同的高度等级：第一级海拔500～600 m左右，如钟鼓峰、独耸峰、万寿山、狮子头、凉散峰、袈裟峰等；第二级海拔350～400 m左右，如玉女峰、骆驼峰、隐云峰、石桥崖等；第三级海拔150～200 m左右，主要是山麓地带的缓丘。

剥蚀作用形成起伏和缓的地面。较小范围的、由侵蚀–剥蚀作用形成的规模较小、局部基岩裸露的近似平整的地面，如流水剥蚀面、波浪剥蚀面、风化剥蚀面、溶蚀作用形成的剥蚀面等，经抬升后，往往成为山地的平缓峰顶或山坡阶梯状地貌。对研究新构造运动和地形发育历史有重要意义。

这三个不同的高度等级可能代表了齐云山在三个不同时代构造运动中所形成的三级剥蚀面。齐云山缺失古近系和新近系沉积物，由此推断第一级剥蚀面形成于渐新世末期（即喜马拉雅运动后幕）；第二级剥蚀面形成于第四纪早期；第三级剥蚀面（山麓面）形成于第四纪中期（中更新世—晚更新世）。

齐云山丹霞地貌中被分割的峰林大都坐落在海拔400 m以上的山体部分，其下限大致与第二级剥蚀面高度相同，表明如五老峰、香炉峰等丹霞山峰景观至少在第四纪以前便已初步形成。

观察点4：小壶天

观察内容：恐龙脚印（图版31）

齐云山小壶天石室洞顶分布负型恐龙足印化石34个，多数非常清晰，石室外同一层面可见及或可触及的脚印不少于5个。雨君洞内壁小块悬面上也见4个脚印化石，种属与小壶天基本相同。小壶天石室内恐龙脚印密度大，约115个/m^2。总体上朝南西西方向排布，步迹特征明显。最大长35 cm，宽25 cm，深5.5 cm；最小长10 cm，宽小于10 cm，深1.0 cm。另见尾迹化石一处，长40 cm，宽3 cm，深1.8 cm，尾拐长12 cm，与主尾迹夹角70°。

肿头龙类（未定） *Pachycephalosauria indet.*

齐云山足迹属 *Ichnogenus Qiyunshanpus*（Yu，1996）

小壶天齐云山足迹 *Qiyunshanpus*，*xiaohutianensis*（Yu，1996）

观察点5：太素宫、玉虚宫（图版32）

观察内容：道教建筑及文化

齐云山道教建筑始建于唐代。到宋代筑祠建观，香火日盛，道士渐增，从而创立齐云道教基业。元代道教发展迟缓，宫观庙宇勉力维持，道士多倚岩洞筑室，苦炼清修。到明代，随着道教盛行，齐云山得到了很大的发展，一些主要殿宇，岩洞都建于此时。至此，齐云山道教建筑的格局已基本成形。

从大的山水格局讲，齐云山北侧为横江，致使建筑背山面水、坐南朝北居多。根据建筑布局的环境特点，可分为以下4段：

（1）从登封古桥至望仙亭段。齐云山道教建筑序列起于登封古桥。登封古桥始建于明万历年间，南、北各有一座二柱楼阁式、青瓦飞檐牌坊。

（2）从望仙亭至一天门段。望仙亭是“九里十三亭”的最后一亭，从这里往前走，山坳里有一组建筑称洞天福地。

（3）从一天门至三天门段。走进一天门，抬头望正前方石壁上刻有“天开神秀”四个苍劲有力的大字，成为一天门自然的对景。出一天门即为真仙洞府，这里自然形成三面环山的空间，空间幽暗、封闭，岩石下排列着罗汉洞等五座岩洞，洞口有石牌坊，洞内石窟满布雕刻塑像，洞前还有清池一处，名曰碧莲池。

（4）从三天门至玉虚宫段。穿过三天门即为道士聚居地——月华街。是齐云山道教活动中心，道房依山构筑，别具特色。旧时，宫观道院、店铺鳞次栉比，香烟、炊烟缭绕，经声与喧声相闻，一派繁荣景象。位于月华街中心，即为齐云山的主要建筑太素宫。太素宫背倚三峰：主峰玉屏峰居中，左边钟峰，右边鼓峰；峰下数流汇合，俗称“五水到堂一水出”。前临深谷中突兀的香炉峰，地势雄伟独特，天然造化。

6.7 黄山复式岩体岩浆作用及花岗岩地貌观察路线

黄山雄踞于风光秀丽的皖南山区，东连天目，西接匡庐，北倚九华，南望白岳，总面积 1200 km^2，其中辟为地质公园的面积 154 km^2，南北长约 40 km，东西宽约 30 km。

黄山，以雄峻瑰奇而著称，千米以上的高峰有 72 座，峰高峭拔，最高峰莲花峰海拔 1864 m。山体峰顶尖陡，峰脚直落谷底，形成群峰峭拔的中高山地形。山顶、山腰和山谷等处，广泛地分布有花岗岩石柱和石林。黄山自中心部位向四周呈放射状地展布着众多的“U”形谷和“V”形谷。区内奇峰耸立，巍峨雄奇；青松苍翠，挺拔多姿；峭石嶙峋，如雕如塑；云海浩瀚，气势磅礴；温泉水暖，喷涌不歇。

黄山的景观极为奇特，这主要来自地貌和气候造成的无穷变化，最有代表性的是黄山云海，神奇壮阔而变化多端，尤其是日出日落时的霞海，那种光华绚丽斑斓，令人眩目。黄山的景色，不仅春夏秋冬不同，连在一日之内也朝夕有别，甚至瞬息闯变幻莫测，引人入胜。

黄山现拥有 400 多个大小景点，大致可分为温泉、北海、西海、天海、玉屏、白云、云谷等数大景区。

黄山是花岗岩山岳型风景区，花岗岩、地质多样性、节理切割、冰川活动，如今的黄山已经为著名的世界地质公园。

6.7.1 黄山复式花岗岩体

黄山复式岩体的主体部分由燕山期花岗岩组成（图 6.2），包括黄山花岗岩主体、太平花岗闪长岩。黄山花岗岩岩体位于太平花岗闪长岩岩体的南部，两个岩体之间有明显的接触界线，不具有渐变过渡的接触关系。前人已对黄山花岗岩进行过同位素年龄的测试，太平岩体年龄在（140.6±1.2）Ma，黄山岩体不同期次样品的锆石 U-Pb SHRIMP 年龄分别为（127.7±1.3）Ma，（125.7±1.4）Ma（薛怀民等，2009）。

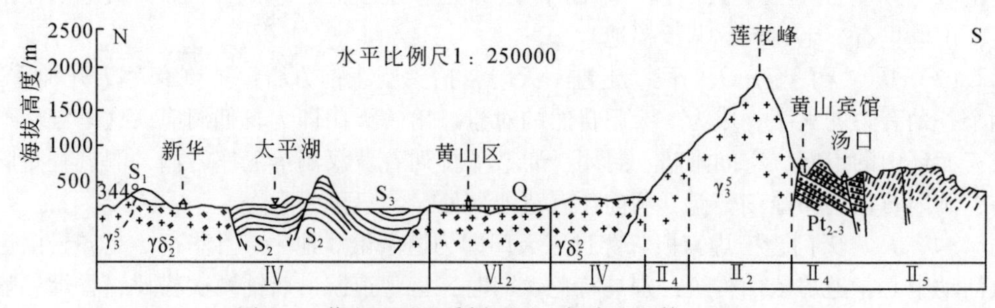

图 6.2 黄山地区地质剖面图（据崔之久等，2009）

黄山花岗岩岩体平面上呈略向北东 50°方向延长的椭圆状形态，长轴长约 15 km，短轴长 10 km，总面积为 107.81 km^2，岩体的侵入接触面产状一般外倾。根据岩体的地貌、结构、岩性以及相互之间的接触关系可以将黄山花岗岩岩体分为 4 个期次和晚期的岩脉。岩体具有“内高外低，内新外老”的特点。

第 1 期为中粒二长花岗岩，呈灰白色，中粒结构，块状构造，主要由石英、斜长石、碱性长石组成，斜长石（钠长石-奥长石）、钾长石和石英的含量类似（分别约为30%），黑云母含量大于5%，有时可达到10%，分布于温泉和芙蓉岭，岩性均匀，内部发育有浅色微粒包体和细晶岩脉。

第2期为粗粒似斑状钾长花岗岩，似斑晶为一些大的条纹长石，含量约占整个岩石的25%，粒径一般0.3 cm×0.5 cm，最大达0.5 cm×1.0 cm，其中包裹了较多的细小斜长石（钠长石）和黑云母。基质为粗粒花岗结构，由钠长石（约30%）、条纹长石（约30%）、石英（约30%）及黑云母（约10%）组成，为黄山岩体的主体部分，与第1期花岗岩接触处发育有1 cm左右的黑云母暗化边，在接触带附近可以见到第1期花岗岩的捕虏体，在岩体中心可见到第3、4期花岗岩侵入的现象。

第3期为中细粒斑状钾长花岗岩，斑晶含量约15%，成分均为条纹长石，粒径一般0.3 cm×0.5 cm，最大达0.5 cm×1.0 cm，基质矿物主要为由条纹长石（约40%）、钠长石（约30%）、石英（约20%）组成，含少量黑云母（约5%），侵入位于第2期花岗岩的中心部位，位于黄山岩体的核心部位，其边部常常显示钾长石斑晶的定向构造，长轴方向平面上为近东西向，剖面上近于直立。

第4期为细粒含斑花岗岩，呈肉红色，细粒结构-细粒含斑结构，主要由碱性长石和石英构成，少量的斜长石，黑云母微量。以小岩株状、脉状和其他一些不规则形状侵入于前3期岩体中。

太平岩体为一岩性较为均匀的中细粒黑云花岗闪长岩，中粒等粒结构-花岗结构，主要由斜长石（约45%）、钾长石（约25%）、石英（约15%）及黑云母（约15%）组成，有些斜长石晶体中见有清晰的环带构造，被后期黄山花岗岩的第1、2期所侵入。

6.7.2　地貌特征

黄山是皖南山区的最高山地，是长江和钱塘江分水岭，主峰——莲花峰海拔1864 m，黄山年均气温为7.8℃，年均降水量为2396.5 mm，年径流深度1200 mm，处于我国最大丰水带内，流水有强烈的切割作用。在黄山154 km^2景区内，花岗岩体占107 km^2，千米以上高峰77座，怪石120处，河流素称有36源和36峡谷，传说黄帝曾在此炼丹，故名黄山。李白曾留诗：“黄山四千仞，三十二莲峰。丹崖夹石柱，菡萏金芙蓉”。这可以说是最早对黄山花岗岩地貌的恰当描述。明代徐霞客在对黄山的描述中发出了“生平奇览”和“登黄山，天下无山，观止矣”的感叹。

黄山花岗岩地貌在空间上有围绕中心区呈同心状分布特点，从中心区到外围的围岩区可划分4部分（图6.3）。

黄山花岗岩山峰和花岗岩期次有一定的规律关系，第4期碱长细粒似斑状花岗岩主要呈穹峰分布在贡阳山（黄山最中心处），向外为第3期中细粒似斑状花岗岩亦多呈穹状峰、台地、堡峰、石柱和尖峰，分布在黄山中心边沿圈和近外缘圈；第2期粗

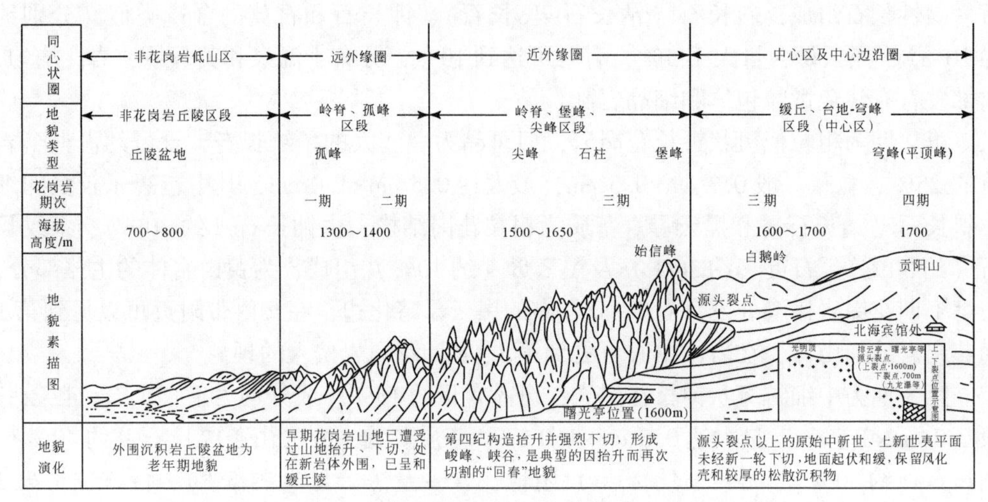

图6.3　黄山花岗岩地貌分布图（据崔之久等，2009）

粒斑状、似斑状花岗岩体多呈各种类型的峰形，如穹状、岭脊状、尖状、柱状和箱状等，分布在更外围，而最早一期（第1期）中粒二长花岗岩分布于温泉和芙蓉岭，在远外缘圈，总体岩体具有“内高外低，内新外老”的特点。虽然如此，但这并不意味着它们之间有某种直接关系，因为山峰的高度与侵蚀的方式和时间也有关系，因此要具体根据实际情况去分析。

黄山花岗岩的峰型与构造和节理的关系有关。黄山花岗岩体节理密布，但所见节理多属减压或卸荷节理。在中心区，即花岗岩体中心部分，如丹霞峰、炼丹峰、光明顶所见多为水平卸荷节理。在边沿区则多见垂直卸荷节理，而处于过渡地段的莲花峰则兼有水平和垂直节理（图版33～图版34）。

路线：汤口—慈光阁—玉屏楼—鳌鱼峰—莲花峰（或天都峰）—光明顶—北海—松谷庵—黄山北大门

时间：2天

观察内容：

（1）观察岩株与岩脉：观察黄山复式岩体岩石类型、岩性和矿物组合；观察花岗岩体中的节理；观察前山岩体与后山岩体在结构和节理上的差别；

（2）观察黄山地貌：“奇松、怪石、云海”三奇和丰富的水景，了解其形成的原因，认识大自然奇妙魅力；

（3）观察冰川遗迹现象。

观察点1：耿城——芙蓉岭（图6.4）

观察内容：

（1）观察岩体接触带；

（2）花岗闪长岩；

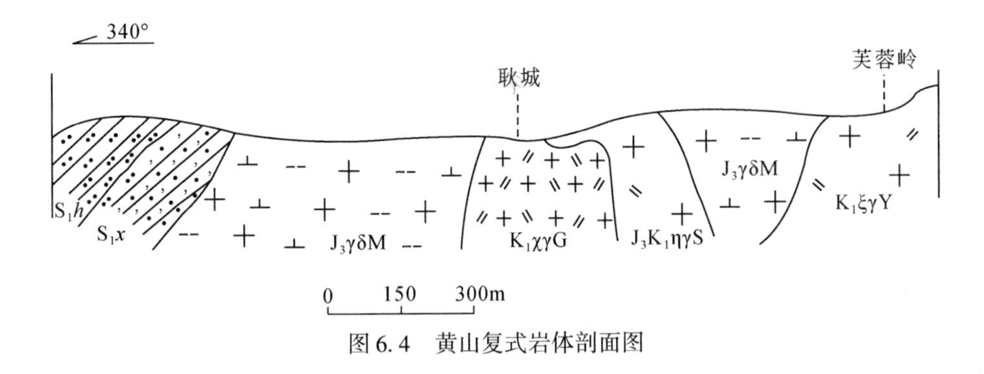

图 6.4　黄山复式岩体剖面图

(3) 钾长花岗岩（碱长花岗岩）。

教学内容：

要求先远观侵入岩的规模、颜色、节理等特征，然后进行岩性描述。

观察点 2： 天都峰

观察内容： 观察花岗岩体中的节理、崩塌洞穴、冰斗、刃脊、角峰。观察冰川遗迹现象。

天都峰是一座雄险壮观的山峰，通往峰顶鲫鱼背的一段狭窄险峭小道就是第四纪冰川作用造就的雄伟奇观。青鸾峰的崖壁上，七条平行排列的巨大冰川擦痕，长 7 ~ 12 m，宽 0.4 ~ 0.5 m，刻深约 5 cm，这是冰川流动时，坚硬的冰块在花岗岩壁上留下的痕迹。慈光阁 U 形谷、天都角峰、朱砂峰刃脊和遍布溪谷的大小漂砾被认为是黄山地区第四纪冰川活动的证据。

在老道口观察晚期岩脉穿插到早期岩体中。可作素描，并对岩脉进行描述。

观察点 3： 鳌鱼峰

观察内容： 观察前山岩体与后山岩体在结构和节理上的差别，以及由此导致地貌上的差别。

观察点 4： 北海，飞来石（图版 35）

观察内容： 观察花岗岩地貌。观察“奇松、怪石、云海”三奇，了解其形成的原因。观察日出。

在飞来石处观察节理（三组节理）与风化作用共同形成的摇摆石现象。

观察点 5： 西海

观察内容： 观察断层和流水侵蚀形成的峡谷地貌；

观察云海，观察高山植被的垂直分带，认识最大降水高度。

观察点6：清凉台—松谷庵

观察内容：沿着北海—清凉台—松谷庵后山线路，步行9 km下山，沿途可以观察花岗岩地貌以及各种景观，如三道亭、二道亭、一道亭、“仙人观海”、“关公挡曹”、翡翠池和松谷庵等。

翡翠池距芙蓉峰1 km，又称“古油潭”。是黄山著名水景，为松谷溪上一处天然池潭。深约10 m，长约15 m，宽约8 m。瀑布搅动池水，山光云影投入池面，摇曳闪烁，池水碧如翡翠，故名翡翠池（图版36）。

松谷庵，始建于明代。松谷庵附近有松谷溪，东为枕头峰，西为芙蓉峰。这里环境清幽，石刻遍布，庵前翠竹如海，诸潭（青龙、白龙、乌龙、黄龙）分布其间。

6.8 歙县伏川蛇绿岩套剖面及板块俯冲带

大洋地壳岩石普遍地遭受变质，与大陆区域变质作用很不相同。其主要发生在洋中脊。炽热的基性岩浆（T>1200℃）不断从洋中脊涌出，与海水发生强烈水化反应，产生含水的变质矿物绿泥石和蛇纹石等。洋壳离开洋中脊后，继续受到海水的深层循环，促使下部超基性岩石的蛇纹石化变质，直至洋壳冷却为止。

洋底变质作用发生在降温过程中，与压力关系很小，变质程度较低（总体），不像大陆有深度变质产物的形成。

在大西洋洋中脊北延长线上的冰岛，发现了露头连续的洋壳剖面，它具有“三位一体”的结构特征。从上而下依次为：

（1）沉积单元：由石灰岩、含放射虫硅质岩、泥砂质碎屑岩或浊积岩等组成，代表洋底沉积物。

（2）玄武岩单元：由海底喷发的玄武岩组成，由于快速冷凝，玄武岩外形多为枕状。

（3）堆晶单元：由玄武岩浆结晶分异的超镁铁质-镁铁质火成岩组成，成分相对于地壳中的硅镁层。主要由堆晶辉长岩、单斜辉石橄榄岩和基性岩墙等组成。堆晶辉长岩系列具下粗（晶体大）上细（晶体变小）的特点。基性岩墙向上连沉积单元中玄武岩，向下通辉长岩。

（4）变质橄榄岩单元：主要由纯橄榄岩和斜方辉石橄榄岩组成。水热蚀变明显，蛇纹石化普遍。它由地幔岩浆直接结晶而成，代表岩石圈地幔物质层（Gass et al.，1984）。

上述洋壳剖面有一个代名词——蛇绿岩套（ophiolite suite），是一套洋壳岩石组合的名称，代表大洋碎块。

蛇绿岩套已普遍认为是古洋壳和上地幔岩石的碎块，以构造方式侵位于造山带。安徽歙县伏川蛇绿岩断续出露于皖浙赣深断裂带近侧，呈NE向展布，向东可延伸至天目山、长兴、上海的崇明岛，向西进入江西的东乡、德兴、婺源，延长400余公里，在伏川出露最完好，故名伏川蛇绿岩套。

伏川蛇绿岩套位于安徽南部歙县东北 18 km 处，由白文吉等（1986）发现，由纯橄榄岩、方辉橄榄岩、堆晶辉石岩、伟晶辉长岩、辉长岩、富钠闪长岩和石英闪长岩，细碧岩、角斑岩和凝灰质千枚岩组成（图 6.5），是华南最古老的蛇绿岩套之一，它的 Sm-Nd 全岩—矿物等时线年龄为（1024±30）Ma（周新民等，1989）。

据白文吉等（1986）研究，在歙县西村东南伏川的伏岭脚，于西村（岩）组一段发现了较为完整的蛇绿岩剖面，为古洋壳的缝合线，代表了古洋壳消亡事件（约 10 亿年）。该蛇绿岩长约 5.5 km，宽 0.2～0.4 km，出露面积约为 1.5 km^2，总体走向 NE45°倾向 SE。蛇绿岩的底板围岩为片麻状花岗闪长岩，顶板岩石为西村（岩）组的千枚岩。

伏川蛇绿岩自上而下层序为：

3. 火山熔岩相：细碧-角斑岩系，具完好的枕状构造，厚 350 m；
2. 辉长岩相：辉长岩与辉绿岩，呈灰白色块状或层状构造，厚 150 m；
1. 变质橄榄岩相：暗绿色斜辉橄榄岩，厚 400 m。

路线：黄山市—歙县南源口—歙县呈村降—伏川

位置：屯溪上高速，歙县南源口下高速往东约 8km 处歙县呈村降—伏川一带。

观察内容：

（1）观察蛇绿岩套剖面、岩性、接触关系（图版 37）；

（2）观察蛇纹石化斜辉橄榄岩的岩石特征；

（3）观察基性岩浆岩的岩石类型：辉长岩和玄武岩，比较它们的成分、结构和构造；

（4）观察细碧岩、石英角斑岩的岩石特征；

（5）观察硅质岩的岩石特征。

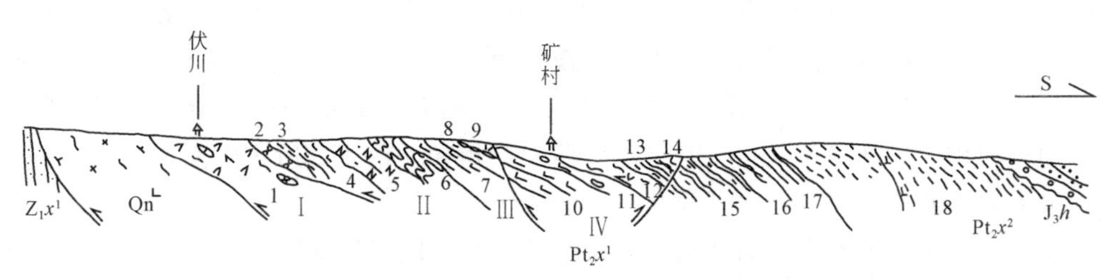

1. 黑、暗绿、黄绿色蛇纹石化斜辉辉橄岩
2. 浅绿、浅灰色伟晶-粗晶辉长岩
3. 暗绿、深灰色千枚岩
4. 玄武岩，下部糜棱岩化，上部块层状
5. 浅灰色长石岩屑砂岩
6. 原岩为灰色纹层状泥岩和粉砂岩
7. 灰绿色粗玄岩
8. 紫红色、黄绿色含粉砂质绢云板岩，顶部夹硅质条带
9. 浅灰色、灰白色流纹质玻屑凝灰岩
10. 灰绿色、深灰色细球粒玄武岩(细碧岩)
11. 灰绿色、微球颗粒安山玄武岩(枕状构造)
12. 浅灰色糜棱岩化含铁铝榴石英安玢岩、流纹安山岩(石英角砾岩)
13. 浅灰、灰绿色粉砂层绢云板岩
14. 灰黑色气孔状玄武岩(细碧岩)
15. 浅灰色绢云板岩
16. 浅灰色绢云板岩、薄层硅质岩
17. 黑色板岩
18. 浅灰、灰绿色千枚岩

Z_1x^1：休宁组下部紫红色凝灰质砂岩

J_3h：侏罗纪洪琴组砾岩、砂岩

Ⅰ、Ⅱ、Ⅲ：蛇绿岩套岩石组合编号

图 6.5　歙县伏川蛇绿岩套剖面

观察点 1：伏川

GPS 坐标：N29°54′56.9″；E118°31′26.2″

观察内容：认识侵入岩特征，描述超基性岩—蛇纹石化橄榄岩的岩石特征（颜色、结构、构造、矿物组成等）。

观察点 2：伏川南 250～750 m

观察内容：观察基性岩浆岩的岩石类型：辉长岩和玄武岩，比较它们的成分、结构和构造（图版 38）；观察堆晶辉长岩是否具有下粗上细特征；观察玄武岩的枕状构造（图版 39）。

观察点 3：矿司

观察内容：观察细碧岩、石英角斑岩的岩石特征；观察枕状构造；观察层状硅质岩的岩石特征。

6.9　广德太极洞及喀斯特地貌观察路线

地下水在运动过程中对周围岩石的破坏作用分为机械潜蚀（仅在地下河中明显）和化学潜蚀作用（又称岩溶作用）。可溶性岩石分布区在地下水的作用下，形成的独特地形称岩溶地貌或称喀斯特地貌。“喀斯特”（Karst）原是南斯拉夫西北部伊斯特拉半岛上的石灰岩高原的地名，那里有发育典型的岩溶地貌，喀斯特一词即为岩溶地貌的代称。

世界喀斯特地貌总面积达 5100 万 km^2，占地球总面积的 10%。从热带到寒带、从大陆到海岛都有喀斯特地貌发育。较著名的区域有中国广西、云南和贵州等省（区），越南北部，南斯拉夫狄那里克阿尔卑斯山区，意大利和奥地利交界的阿尔卑斯山区，法国中央高原，俄罗斯乌拉尔山，澳大利亚南部，美国肯塔基和印第安纳州，古巴及牙买加等地。中国喀斯特地貌分布广、面积大。主要分布在碳酸盐岩出露地区，面积约 91 万～130 万 km^2。其中以广西、贵州和云南东部所占的面积最大，是世界上最大的喀斯特区之一；西藏和北方一些地区也有分布。

地表和地下均可发育喀斯特地貌，典型的喀斯特地貌包括如下几种：

溶沟、石芽：地表水沿岩石表面流动，由溶蚀、侵蚀形成的许多凹槽称为溶沟。溶沟之间的突出部分叫石芽。高大的石芽称为石林，高达 20～30 m，密布如林，故称石林。它是由于石灰岩纯度高、厚度大，层面水平，在热带多雨条件下形成的。

峰丛、峰林和孤峰：峰丛和峰林是石灰岩遭受强烈溶蚀而形成的山峰集合体。其中峰丛是底部基坐相连的石峰，峰林是由峰丛进一步向深处溶蚀、演化而形成。孤峰是岩溶区孤立的石灰岩山峰，多分布在岩溶盆地中。

溶斗和溶蚀洼地：溶斗是岩溶区地表圆形或椭圆形的洼地，溶蚀洼地是由四周为低山、丘陵和峰林所包围的封闭洼地。若溶斗和溶蚀洼地底部的通道被堵塞，可积水成塘，大的可以形成岩溶湖。

落水洞、干谷和盲谷落水洞：是岩溶区地表水流向地下或地下溶洞的通道，由岩溶垂直流水对裂隙不断溶蚀并随坍塌而形成。在河道中的落水洞，常使河水会部汇入地下，使河水断流形成干谷或盲谷。

溶洞：溶洞又称洞穴，它是地下水沿着可溶性岩石的层面、节理或断层进行溶蚀和侵蚀而形成的地下孔道。溶洞中的喀斯特形态主要有石钟乳、石笋、石柱、石幔、石灰华和泉华（图版 40）。

中国喀斯特发育的多轮回和地带性特点，形成了各具特色的、千姿百态的喀斯特地貌景观和巧夺天工的洞穴奇景，是中国重要的旅游资源。广德太极洞是我国一处十分具有代表性的地下喀斯特地貌。

安徽广德县太极洞，古称“长乐洞”、“广德埋藏”，全长 5400 余米，位于苏浙皖三省交界的安徽省广德县石龙山内，是一个大型喀斯特溶洞群（图版 41 ~ 图版 42）。景区总面积 22 km^2，中心面积 2. 2 km^2，分旱洞和水洞两部分，其中溶洞开发面积 14. 1 万 m^2，洞内有 19 座宫厅，22 个景区，500 多个景点，景色奇妙、瑰丽，具有险峻、壮观、绚丽、神奇的景观特色，集全国溶洞之精华，早在 2000 多年前即被称为天下一绝，《中国石林》称道“桂林山水，广德石洞”，民间有“黄山归来不看山，太极游完不看洞”之说。2000 年被评为国家 AAAA 级旅游区，2004 年被列入中国国家重点风景名胜区。

路线：芙蓉谷—太极洞—芙蓉谷

时间：1 天

目的：让学生理解地下水不仅是重要的淡水资源，也是改造地球外貌的重要外力因素。

观察内容：

（1）观察并理解地下水地质作用（剥蚀、搬运和沉积作用）；

（2）观察碳酸盐岩的岩性特征；

（3）观察各种岩溶地貌。

观察点 1：溶洞洞口外

GPS 坐标：N31°07′10. 3″；E119°36′9. 0″

观察内容：观察发育溶洞的地层

岩溶地貌主要发育在石灰岩地层中。太极洞所在的地层是石炭系黄龙组、船山组和二叠系栖霞组石灰岩，厚度大于 300 m。

观察点 2：溶洞内

观察内容：观察认识各种岩溶地貌。包括水平的溶洞和地下暗河、垂直的落水洞、钟乳石、石笋、石柱、溶洞坍塌堆积等。

暗河之上有三层水平溶洞，表明本地区第四纪有三次地壳上升运动。

观察在溶洞坍塌堆积物上生长的石笋，可推测坍塌事件的年代。

观察点 3：溶洞出口处人工开凿隧道内

溶洞出口处的隧道是二十年前人工开凿的。观察隧道顶部的钟乳石，可推测钟乳石的生长速度。

6.10　工程地质和灾害地质路线

地质灾害是指在自然或者人为因素的作用下形成的，对人类生命财产、环境造成破坏和损失的地质作用（现象）。如崩塌、滑坡、泥石流、地裂缝、地面沉降、地面塌陷、岩爆、坑道突水、突泥、突瓦斯、煤层自燃、黄土湿陷、岩土膨胀、砂土液化、土地冻融、水土流失、土地沙漠化及沼泽化、土壤盐碱化，以及地震、火山、地热害等。

地质灾害的分类，有不同的角度与标准，十分复杂。就其成因而论，主要由自然变异导致的地质灾害称自然地质灾害；主要由人为作用诱发的地质灾害则称人为地质灾害。就地质环境或地质体变化的速度而言，可分突发性地质灾害与缓变性地质灾害两大类。前者如崩塌、滑坡、泥石流、地裂缝、地面塌陷、地裂缝，即习惯上的狭义地质灾害；后者如水土流失、土地沙漠化等，又称环境地质灾害。根据地质灾害发生区的地理或地貌特征，可分山地地质灾害，如崩塌、滑坡、泥石流等，平原地质灾害，如地质沉降等。下面列举几种最具代表性的地质灾害。

滑坡：是指斜坡上的岩体由于某种原因在重力的作用下沿着一定的软弱面或软弱带整体向下滑动的现象。

崩塌：是指较陡的斜坡上的岩土体在重力的作用下突然脱离母体崩落、滚动堆积在坡脚的地质现象。

泥石流：是山区特有的一种自然现象。它是由于降水而形成的一种带大量泥沙、石块等固体物质条件的特殊洪流。识别：中游沟身长不对称，参差不齐；沟槽中构成跌水；形成多级阶地等。

地面塌陷：是指地表岩、土体在自然或人为因素作用下向下陷落，并在地面形成塌陷坑的自然现象。

地质灾害具有很强的危害性，应予以积极防御。崩塌、滑坡防治的基本方法主要是各种加固工程如支档、锚固、减载、固化等，并附以各种排水（地表排水、地下排水）工程，其简易防治方法是用黏土填充滑坡体上的裂缝或修地表排水渠。泥石流灾害防治的基本方法是工程设计和施工中要设置完善的排水系统，避免地表水入渗，对已有塌陷坑进行填堵处理，防止地表水注入。

此外，地质灾害的应急避险也是一种重要的防御手段，以此避免受灾对象与致灾作用遭遇。应急避险分为主动和被动两种情况，指主动的躲避与被动式的撤离。对于处于危险区的工程及人员，所采用的方法是：预防、躲避、撤离、治理，这四个环节每一个都含有很大的防灾减灾的机会。崩塌、滑坡灾害的应急防治措施是：视险情将人员物资及时撤离危险区；及时制止致灾的动力作用；事先有预兆者，应尽早制订好撤离计划。躲避泥石流不应顺沟向下游跑，应向沟岸两侧跑，但不要停留在凹坡处。

路线：屯溪—皮园村—汤口

目的：让学生认识主要地质灾害类型、防治方法及应急避险

观察内容：

（1）观察地质灾害主要类型；

（2）理解块体运动的运动方式和运动机理；

（3）了解地质灾害的防御方法。

观察点：省道S103线（屯黄旅游公路）341～342 km

GPS坐标：N29°55′29″；E118°05′30″

观察内容：皮园村滑坡

皮园村滑坡是一处多发的地质灾害体，依据现代地形、地貌、灾害破坏模式、灾害成因等因素划分为HP1、HP2两个大的灾害体，HP1位于341K+108 m—440 m范围内，HP2位于341K+440 m—600 m范围内（图版43）。

HP2位于皮园西山（泥山后）的东坡，地势西高东低坡面陡峻，坡度15°～35°。

在横剖面上，HP2及其上部地形呈内凹弧形，纵剖面上则由东向西呈陡-缓-陡的“椅状”，下部陡处为修建公路切坡形成的坡角40°～65°、高差最大可达20 m的高边坡，中间较缓部位为HP2滑坡体，坡肩15°～25°，后部陡处为茶园坡地及林地，坡度达35°～45°，顶部为皮园村组硅质岩分布区，为近直立状的陡崖。

HP2滑坡体物为由坡积成因的含粉土碎石组成，岩性结构较单一，碎石原岩成分以皮园村组条纹条带状硅质岩为主，粒径悬殊，近地表上部碎石形状受原岩节理裂隙控制呈规则的长方形，呈棱角、次棱角状，粒径以0.8～6 cm为主；下部碎石外形差异大，无明显的规则形态，为次棱角状、次圆状，粒径以1～2 cm为主；总体上由上至下粒径由大变小，呈渐变关系，无明显突变。坡面有硅质岩块石，体积大者约1 m^3。受坡体滑移影响造成表层松散，在流水冲蚀下地表段粉土含量极低，全地表几乎出露为碎石，随深度的增加，粉土含量渐增，一般粉土含量在10%～25%，总体含量较低。滑床为蓝田组上段的炭质板岩及灰岩。

结　语

野外实习前

（1）清楚野外工作目的；

（2）收集和分析研究区的资料，以便获得总体认识；

（3）有时候进入研究区以及采样，如果必要，需要获得许可；

（4）有时候需要填写健康和安全表格，获得急救训练等；

（5）打包必备的野外装备；

野外实习中

（6）为野外工作目的选择最好的露头；

（7）每天至少有一个明确的目的；

（8）检查、监控风险；

（9）收集资料、样品等，开始进行解释。用硬皮本或电子记录本保存主要资料记录、样品位置，以便为成图、思考和计划等参考；

（10）负责任地和谨慎地收集所有必要的样品；

（11）每天结束，评估已经完成的工作，修改下一步野外工作任务和目的；

（12）如果时间允许，仔细检查任何差异；

野外实习后

（13）根据特性和目的，加工和保存样品；

（14）核对野外记录，做到有始有终；

（15）与同学、同事或者老师以及其他专家讨论资料并进行解释，如果需要，可以寻求进一步的帮助；

（16）分析资料和样品；

（17）编写报告或撰写论文。

主要参考文献

安徽省地质矿产局. 1987. 安徽省区域地质志. 北京：地质出版社

安徽省地质矿产局. 1997. 安徽省岩石地层. 武汉：中国地质大学出版社

陈旭，袁训来. 2013. 地层学与古生物学研究生华南野外实习指南. 合肥：中国科学技术大学出版社

程光华，汪应庚. 2000. 江南东段构造格架. 安徽地质，10：1 ~ 8

崔之久，陈艺鑫，杨晓燕. 2009. 黄山花岗岩地貌特征、分布与演化模式. 科学通报，54：3364 ~ 3373

高林志，张传恒，刘鹏举等. 2009. 华北—江南地区中、新元古代地层格架的再认识. 地球学报，30（4）：433 ~ 446

郭令智，施央申，马瑞士. 1980. 华南大地构造格架和地壳演化. 国际交流地质学术论文集（一）. 北京：地质出版社

黄培华，Diffenal R F，杨明钦等. 1998. 黄山山地演化与环境变迁，地理科学，18（5）：401 ~ 408

江西省地质矿产局. 1984. 江西省区域地质志. 北京：地质出版社

李双应. 2001. 皖南上震旦统蓝田组中银铅锌等多金属矿成因探讨. 地质论评，47（2）：129 ~ 138

李双应，杨欣，程成等. 2014. 论皖南地区前寒武纪浅变质岩系地层层序. 地层学杂志，38（1）：81 ~ 98

李四光. 1936. 安徽黄山之第四纪冰川现象. 中国地质学会会志，15：279 ~ 290

李毓尧，许杰. 1938. 蓝田古冰碛层. 中国地质学会会志，17（3-4）：303 ~ 307

马荣生. 2002. 皖南前南华纪岩石地层. 资源调查与环境，23（2）：94 ~ 106

彭亮，李双应，黄家龙等. 2014. 安徽绩溪新元古代海底扇沉积环境分析. 地质科学，49：684 ~ 694

全国地层委员会. 2001. 中国地层指南及中国地层指南说明书（修订版）. 北京：地质出版社

施雅风，崔之久，李吉均等. 1989. 中国东部第四纪冰川与环境问题. 北京：科学出版社

舒良树. 2010. 普通地质学（第三版）. 北京：地质出版社

舒良树. 2012. 华南构造演化的基本特征. 地质通报，31（7）：1035 ~ 1053

唐永成，曹静平，支利庚等. 2010. 皖东南区域地质矿产评价. 北京：地质出版社

王道轩，宋传中，金福全等，2005. 巢湖地学实习教程. 合肥：合肥工业大学出版社

夏邦栋，1986. 宁苏杭地区地质认识实习指南. 南京：南京大学出版社

夏邦栋，马学敏. 1993. 一个前寒武纪安第斯复理石–皖南羊栈岭组复理石的岩石学及地球化学. 沉积学报，11（2）：19 ~ 26

谢窦克. 1996. 皖南元古宙基底两套绿岩特征及地壳演化. 火山地质与矿产，17（3-4）：23 ~ 41

邢凤鸣，徐祥，陈江峰等. 1992. 江南古陆东南缘晚元古代大陆增生史. 地质学报，66：59 ~ 72

徐备，郭令智，施央申. 1992. 皖浙赣地区元古代地体和多期碰撞造山带. 北京：地质出版社

薛怀民，马芳，宋永勤等. 2010. 江南造山带东段新元古代花岗岩组合的年代学和地球化学：对扬子与华夏地块拼合时间与过程的约束. 岩石学报，26：3215 ~ 3244

余心起. 1998. 皖南恐龙类化石特征及其地层划分意义. 中国区域地质，17：278 ~ 284

袁训来，陈哲，肖书海等. 2012. 蓝田生物群：一个认识多细胞生物起源和早期演化的新窗口. 科学通报，57（34）：3219 ~ 3227

张启锐，刘鸿允，陈孟莪等. 1993. 皖南震旦系冰期地层的再认识. 地层学杂志，17：186 ~ 193

朱诚，彭华，李世成. 2005. 安徽齐云山丹霞地貌成因. 地理学报，60：445 ~ 455

Agela L C. 2010. Geological field techniques. Oxford: Wiley-Blackwell Publishing Ltd

Li X H, Li W X, Li Z X et al. 2009. Amalgamation between the Yangtze and Cathaysia blocks in South China: constraints from SHRIMP U-Pb zircon ages, geochemistry and Nd-Hf isotopes of the Shuangxiwu volcanic rocks. Precambrian Research, 174: 117 ~ 128

Stow D A V. 2006. Sedimentary rocks in the field. Waltham: Academic Press

Tucker M E. 2001. Sedimentary Petrology-An introduction to the origin of sedimentary rocks (3rd edition). Oxford: Blackwell Science Ltd.

Tucker M E. 2003. Sedimentary rocks in the field (3rd edition). Chichester: John Wiley & Sons Ltd.

Wu R X, Zheng Y F, Wu Y B et al. Reworking of juvenile crust: Element and isotope evidence from Neoproterozoic granodiorite in South China. Precambrian Research, 146: 179 ~ 212

Yuan X L, Chen Z, Xiao S H et al. 2011. An early Ediacaran assemblage of macroscopic and morphologically differentiated eukaryotes. Nature, 470: 390 ~ 393

Zheng Y F, Wu R X, Wu Y B et al. 2008. Rift melting of juvenile arc-derived crust: Geochemical evidence from Neoproterozoic volcanic and granitic rocks in the Jiangnan Orogen, South China. Precambrian Research, 163: 351 ~ 383

图　　版

图版 1　休宁组含凝灰质杂砂岩，具交错层理（李双应摄）

图版 2　休宁组含凝灰质杂砂岩（李双应摄）

图版 3　雷公坞组冰碛岩（李双应摄）

图版 4　雷公坞组上部盖帽白云岩（李双应摄）

图版 5　蓝田生物群中的丛状生长的藻类 (a) 和具触手的动物 (b、c)，(a) 中比例尺示 5 mm; (b) 和 (c) 中比例尺示 10 mm（袁训来等 , 2012）

图版 6　皮园村组硅质岩剖面（李双应摄）

图版 7　铺岭组火山岩（李双应摄）

图版 8　羊栈岭组顶部石英砂岩（李双应摄）

图版 9　羊栈岭组上部砂岩切割粉砂质泥岩（李双应摄）

图版 10　羊栈岭组中部泥岩呈火焰状构造（李双应摄）

图版 11　羊栈岭组下部远端浊积岩（李双应摄）

图版 12　奥陶系宁国组和胡乐组剖面及层型界线（李双应摄）

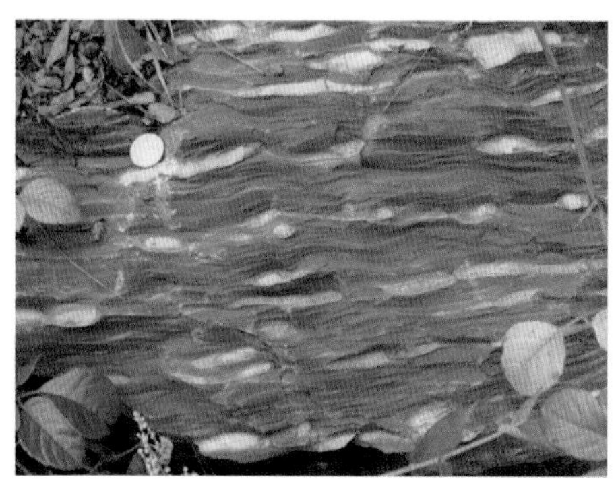

图版 13　下奥陶统谭家桥组瘤状泥灰岩（谢建成摄）

图版 14　下 - 中奥陶统宁国组黑色页岩（李双应摄）

图版 15　宁国组远端浊积岩和盆地沉积 (李双应摄)

图版 16　皮园村组中的褶皱构造 (李双应摄)

图版 17　牌坊 (李双应摄)

图版 18　南湖风光 (李双应摄)

图版 19　月沼春晓 (李双应摄)

图版 20　孤峰组剖面 (李双应摄)

图版 21　龙潭组亚长石砂岩（李双应摄）

图版 22　龙潭组煤层和上覆的灰岩（李双应摄）

图版 23　大隆组地层及下部的平卧褶皱（李双应摄）

图版 24　二叠系大隆组与三叠系殷坑组剖面及整合接触（李双应摄）

图版 25　三叠系殷坑组中的砾屑灰岩（李双应摄）

图版 26　清朝乾隆皇帝御笔(李双应摄)

图版 27　齐云山丹霞地貌——三层结构(李双应摄)

图版 28　齐云山丹霞地貌——象鼻山(李双应摄)

图版 29　晚白垩世小岩子组冲积沉积(李双应摄)

图版 30　一线天，直通方腊寨(李双应摄)

图版 31　遗迹化石——恐龙脚印槽模(李双应摄)

图版 32　玉虚宫（道教）(李双应摄)

图版 33　岩体中的减压节理 (李双应摄)

图版 34　学生们在测量节理产状 (李双应摄)

图版 35　飞来峰 (李双应摄)

图版 36　翡翠池 (李双应摄)

图版 37　歙县伏川蛇绿岩套剖面 (程成摄)

图版 38　堆晶结构，浅色为辉长岩中的斜长石，暗色为辉石 (程成摄)

图版 39　蛇绿岩套中的枕状玄武岩（程成摄）

图版 40　喀斯特溶洞中钟乳石（徐利强摄）

图版 41　断裂控制的通道（徐利强摄）

图版 42　洞穴沉积物（徐利强摄）

图版 43　皮园村滑坡（吴德根摄）